自是山林滋味甜

——《山家清供》背后的隐逸生活

李玉凤　著

民主与建设出版社
·北京·

© 民主与建设出版社，2023

图书在版编目（CIP）数据

自是山林滋味甜：《山家清供》背后的隐逸生活 / 李玉凤著. —
北京：民主与建设出版社，2023.1
ISBN 978-7-5139-3967-6

Ⅰ . ①自… Ⅱ . ①李 Ⅲ . ①饮食 – 文化 – 中国 – 南宋
Ⅳ . ① TS971.2

中国版本图书馆 CIP 数据核字（2022）第 247251 号

自是山林滋味甜——《山家清供》背后的隐逸生活
ZI SHI SHANLIN ZIWEI TIAN SHANJIA QINGGONG BEIHOU DE YINYI SHENGHUO

著　者	李玉凤	
策　划	滑　志	
责任编辑	程　旭	
封面设计	信安通远	
出版发行	民主与建设出版社有限责任公司	
电　话	（010）59417747　　59419778	
社　址	北京市海淀区西三环中路10号望海楼E座7层	
邮　编	100102	
印　刷	三河双升印务有限公司	
版　次	2023年1月第1版	
印　次	2023年5月第1次印刷	
开　本	710mm×1000mm　1/16	
印　张	16	
字　数	384千字	
书　号	ISBN 978-7-5139-3967-6	
定　价	48.00元	

注：如有印、装质量问题，请与出版社联系。

目　录

君子耻一物不知

西汉扬雄《法言·君子》中有言："圣人之于天下，耻一物之不知。"唐刘知幾《史通·杂说中》亦有"'一物不知，君子所耻'。是则时无远近，事无巨细，必藉多闻，以成博识"之语。多闻与博识相辅相成，最终能使人达到知行合一之境。

自古隐逸山林者众，或郁郁独居，或放浪形骸，或取仙道之旅，或觅终南捷径；却鲜见如北宋林洪那样以"心远地自偏"的态度，游走在尘世与方外的文士。不仅如此，林洪还留下记录自己清恬生活的笔记《山家清供》《山家清事》等，令后世对其清雅淡泊领略一二。

林洪的生平，按元韦居安所撰《梅磵诗话》所记："泉南林洪字龙发，号可山，肄业杭泮，粗有诗名。理宗朝上书言事，自称为和靖七世孙，冒杭贯取乡荐。刊中兴以来诸公诗，号《大雅复古集》，亦以己作附于后。时有无名子作诗嘲之曰：'和靖当年不娶妻，只留一鹤一童儿。可山认作孤山种，

I

正是瓜皮搭李皮。'盖俗云以强认亲族者为瓜皮搭李树云。"

林洪号可山，在宋叶寘撰《爱日斋丛钞》卷三中亦有依据："近时《江湖诗选》有可山林洪诗：'湖边杨柳色如金，几日不来成绿阴。'人多传诵，却似梅宛陵'不上楼来今几日，满城多少柳丝黄'。"

林洪自称为林逋七世孙，时人于此多有非议。林逋即后人所称林和靖，因以梅为妻、以鹤为子，且留有"疏影横斜水清浅，暗香浮动月黄昏"等佳句而为人所熟知。据《宋史·隐逸上》记："林逋，字君复，杭州钱塘人。少孤，力学，不为章句。性恬淡好古，弗趋荣利，家贫衣食不足，晏如也。初放游江、淮间，久之归杭州，结庐西湖之孤山，二十年足不及城市。真宗闻其名，赐粟帛，诏长吏岁时劳问。薛映、李及在杭州，每造其庐，清谈终日而去。尝自为墓于其庐侧。临终为诗，有'茂陵他日求遗稿，犹喜曾无《封禅书》'之句。既卒，州为上闻，仁宗嗟悼，赐谥和靖先生，赙粟帛……逋不娶，无子，教兄子宥，登进士甲科。宥子大年，颇介洁自喜，英宗时，为侍御史，连被台移出治狱，拒不肯行，为中丞唐介所奏，降知蕲州，卒于官。"不少人据此断，因定林逋无后，林洪乃冒认祖宗。因此，宋人有作诗讥讽林洪的，"可山认作孤山种，正是瓜皮搭李皮"。不过，林洪在《山家清事·种梅养鹤图记》中已将自己与林逋的关系悉数道出："先大祖（瓒）在唐，以孝旌，七世祖逋，寓孤山，国朝谥和靖先生。

高祖卿材、曾祖之召、祖全，皆仕。父惠，号心斋，母氏凌姓。其妻，德真女张与。自曰小可山。"尽管如此，他仍为江浙士林所不容，故而"仆游江淮二十秋"。

清浙江钱塘人施鸿保的《闽杂记》专有《林和靖有子》篇，因其小众，故而鲜见纸端，此处照录如下：

嘉庆庚辰，林文忠公任浙江杭嘉湖道，重修孤山林和靖墓及放鹤亭、巢居阁诸迹，碑记有后裔字，人多疑《宋史》明言和靖不娶无子，不当有后。予按杨升庵《词品》已云：林洪著《山家清供》，自称先人和靖先生，则非不娶，盖丧偶后不续娶耳。洪字可山，南宋时人。施枢《雪岩吟卷》有《读林可山西湖衣钵诗》："梅花花下月黄昏，独自行歌掩竹门。只道梅花全属我，不知和靖有仍孙。"此同时所作，当可信也。唯据《尔雅》，自己下数仍孙凡八代，洪去和靖似不当已有八代，岂仍字或误耶？又按和靖梅妻鹤子，人皆知之，今考其集题云："有鹤名鸣皋，鹿名呦呦，作诗以赋之"，则不独养鹤，亦兼蓄鹿矣。文忠公修墓补种梅花三百六十株，又由上海购二鹤养之，惜当时不并蓄鹿也。

林洪的著作得以传世者有《西湖衣钵集》《文房图赞》《山

家清供》《山家清事》等，留存的诗文亦被零星收录，其中不乏佳作，如：

枕 上 作

天街月未沈，来者已骎骎。

夜若可无睡，人应更有心。

香凝衾正暖，灯隔帐如阴。

亦欲呼童起，谁门能赏音。

楼 居

梅边未有屋三间，傥得楼居特暂安。

天下事非容易说，门前山可久长看。

瓶花频换春常在，阶草不除秋自残。

岂是江湖难著脚，如今平地亦狂澜。

西 湖

烟生杨柳一痕月，雨弄荷花数点秋。

此景此时摹不尽，画船归去有渔舟。

钓 台

三聘殷勤起富春，如何一宿便辞君。

早知闲脚无伸处，只合青山卧白云。

孤山隐居

为怕因诗题姓名，特寻孤处隐吟身。

当时祇向梅花说，不道梅花说与人。

　　《山家清供》记录了诸多山野鲜味，其主旨仍在于"简"与"真"，正如林洪在《山家清事·山林交盟》中表达的那样："山林交与市朝异：礼贵简，言贵直，所尚贵清。善必相荐，过必相规；疾病必相救药，书尺必直言事，……称呼以号及表字，不以官，讲问必实言所知所闻事。……诗文随所言，毋及外事、时政、异端；饮食随所具；会次坐序齿，不以贵贱；僧道易饮，随量；诗随意……"不因外物搅乱心神，倡导适度的礼仪、简洁的程序，在世俗的繁文缛节与林泉的放浪形骸间取中，并依照事物的本然为之。

　　林洪自身境遇也使他在《山家清供》诸篇里时时以悲天悯人的心态迸出几分感喟，如，他在《青精饭》篇中论及李白、杜甫才学时所感："当时才名如杜李，可谓切于爱君忧国矣，夫乃不使之壮年以行其志，而使之俱有青精、瑶草之思。"《苜蓿盘》篇中，他对薛令之怀才不遇颇为同情："东宫官僚，当极一时之选，而唐世诸贤见于篇什，皆为左迁，令之寄思，恐不在此盘。宾僚之选，至起'食无鱼'之叹，上之人乃讽以去。吁，薄矣！"此外，在《山家清供》中，

《傍林鲜》篇"大凡笋贵甘鲜，不当与肉为友。今俗庖多杂以肉，不思才有小人，便坏君子"，《紫英菊》篇"杞、菊，微物也，有少差，犹不可用，然则君子小人，岂容不辨哉"，以及《元修菜》篇"君子耻一物不知，必游历久远而后见闻博"，林洪直指世间自身修养和交友识人的准则；而《冰壶珍》篇"食无定味，适口者珍"、《蓝田玉》篇"不须烧炼之功，但除一切烦恼妄想，久而自然神清气爽，较之前法差胜矣"，林洪已经超然物外，真正达到恬淡忘我的境界。由此不难看出，林洪的眼界早就跳脱人间的褒贬纷争，望向无比深邃的苍穹。

花 · 逸

月明林下美人来

　　明高启曾作《咏梅》九首，其一为："琼姿只合在瑶台，谁向江南处处栽？雪满山中高士卧，月明林下美人来。寒依疏影萧萧竹，春掩残香漠漠苔。自去何郎无好咏，东风愁寂几回开。"

　　其中"月明林下美人来"蕴含一个与梅有关的典故。即隋人赵师雄遇仙之事。此典出自唐柳宗元《龙城录》，题作《赵师雄醉憩梅花下》："隋开皇中，赵师雄迁罗浮。一日天寒日暮，在醉醒间，因憩仆车于松林间酒肆傍舍，见一女子淡妆素服，出迓师雄。时已昏黑，残雪未销，月色微明。师雄喜之，与之语，但觉芳香袭人，语言极清丽。因与之扣酒家门，得数杯，相与饮。少顷，有一绿衣童来，笑歌戏舞，亦自可观。顷醉寝，师雄亦懵然，但觉风寒相袭。久之，时东方已白，师雄起视，乃在大梅花树下，上有翠羽啾嘈，相顾月落参横，但惆怅而尔。"

这则故事并不复杂：隋文帝开皇年间，赵师雄前往罗浮。某天傍晚时分，赵师雄于半醉半醒间在一处松林边的小酒肆休息。不多时，天色黯淡下来，一淡妆素服的美貌女子不知为何出现在赵师雄面前，赵师雄闻到阵阵清幽芬芳，不禁心神激荡。几番交谈后，赵师雄见女子言谈不俗、举止得体，心中更为欢喜，遂邀约女子前去酒肆共饮。此时又有一绿衣童子进来，三人谈笑歌舞，推杯换盏，好不欢愉。尽兴之后，赵师雄不知何时睡了过去，直到寒风吹得阵阵发冷，他才猛然睁开眼睛，但见远处地平线上已经现出鱼肚白，残月斜挂在西边天际，头顶树梢上，一只遍体翠绿的小鸟在欢叫，那清丽的女子则早已消失无踪。而自己栖身之所，并非酒肆之中，而是在一棵大梅树下。赵师雄意识到昨夜与自己共饮的，乃是梅花仙子，不免心中万分怅惘。原文中"但惆怅而尔"五字描写得极度传神。

宋无名氏《踏莎行》中有"月下罗浮，一樽自笑。旧枝尚记幽禽抱"借用此典；《红楼梦》里访妙玉乞红梅一段，邢岫烟《赋得红梅花（得红字）》一首中"魂飞庾岭春难辨，霞隔罗浮梦未通"，亦以此典入句。民间传说中，梅花花神为宋武帝之女寿阳公主。据说某年正月初七，寿阳公主在宫中梅林赏梅后，倦卧于含章殿檐下时，一朵梅花正落到她的额头，留下五瓣淡红印痕。宫中女子见此印痕美得特别，纷纷效仿，即为"梅花妆"。寿阳公主去世后，被尊为梅花花神。

《咏梅》其一中"雪满山中高士卧"字面上虽然没有出现"梅"，但暗含梅的意象。同样是邢岫烟《赋得红梅花（得红字）》一首中，末尾两句"看来岂是寻常色，浓淡由他冰雪中"，也活灵活现地写出了梅花的风骨。其中所言梅花超然物外的境界，比陆游《卜算子·咏梅》营造的"无意苦争春，一任群芳妒，零落成泥碾作尘，只有香如故"的入世风格，似乎更清朗、高明。

与傲霜绽放的菊、出淤泥而不染的荷相类，梅作为品行高洁的象征，亦非常受文士推崇。明张岱《夜航船》中记，孟浩然曾冒雪骑驴寻梅，并有"吾诗思在灞桥风雪中驴背上"之语。文士以梅自喻的词句也常见诸笔端：如王安石《梅花》中有"遥知不是雪，为有暗香来"；王冕《墨梅》中有"不要人夸颜色好，只留清气满乾坤"；卢梅坡《雪梅二首》中有"梅须逊雪三分白，雪却输梅一段香"。而据称为林洪先祖的林和靖，更因隐居西湖孤山二十余年，养鹤种梅，被后人谓以"梅妻鹤子"，声名广为流传。其《山园小梅》诗中"疏影横斜水清浅，暗香浮动月黄昏"两句亦是千古绝唱。南宋词人姜夔在范成大石湖梅园中小住时，即取此两句中字词作《暗香》《疏影》两曲。安于山居之乐的林洪，在《山家清供》中也有数道美馔与梅密切关联：

其一，为《梅花汤饼》，文为："泉之紫帽山有高人，尝作此供。初浸白梅、檀香末水，和面作馄饨皮。每一叠用五分铁凿如梅花样者，凿取之。候煮熟，乃过于鸡清汁内。每客止二百余花可想。一食，亦不忘梅。后留玉堂元刚亦有如诗：'恍如孤山下，飞玉浮西湖。'"

"汤饼"，泛指用汤煮的面食。东汉刘熙《释名·释饮食》中记"饼，并也，溲面使合并也"。史游《急就篇》称"溲面而蒸熟之，则为饼"。溲面即揉面。后世流传最广的汤饼莫过于面条。宋孟元老《东京梦华录》中提及北宋汴京的面条品种不下十种，吴自牧《梦粱录》中则说南宋临安集市上已有面条三四十种。然此处林洪所言的汤饼并非面条，而是把白梅花放在檀香末水中浸泡，再用这种水和面制成馄饨皮。随后，将一叠叠馄饨皮用梅花瓣形的镂空铁模具分别凿成五瓣梅花形状，再将梅花瓣状馄饨皮大火煮熟，捞出放在事先炖好的鸡汤里，每位客人只有两百多片。这道幽香清雅的梅花汤饼，是泉州紫帽山的某位世外高人做的。后来留元刚作有赞美这道面食的诗，其中有"恍如孤山下，飞玉浮西湖"之句，似以林和靖孤山放鹤来比拟梅花面片在汤中沉浮之状。留元刚其实亦非凡俗之辈。他字茂潜，号云麓子，泉州晋江人。博闻强记，善写奏议文章，在当时颇负盛名。宋宁宗嘉定年间累迁至起居舍人，权直学士院，后出知赣州、温州等。著有《云麓集》，已失传；《宋诗纪事》存诗两首，《全宋词》收词一阕。

其二，为《蜜渍梅花》。文以杨万里《蜜渍梅花》诗开篇："瓮澄雪水酿春寒，蜜点梅花带露餐。句里略无烟火气，更教谁上少陵坛。"随即介绍做法："剥白梅肉少许，浸雪水，以梅花酿酝之。露一宿，取出，蜜渍之。可荐酒。"将少许白梅果肉用雪水浸泡，再加入梅花发酵。待露天放一夜之后，梅肉浸入梅花的芬芳，之后再以蜜浸过，便成了一道可以下酒的小点。林洪对这般加工过梅肉的评价，是"较之扫雪烹茶，风味不殊也"。

《红楼梦》四十一回"栊翠庵茶品梅花雪　怡红院劫遇母蝗虫"，即出现了类似"扫雪烹茶"的情景，栊翠庵中，众人送走了贾母，妙玉引着宝、黛、钗三人来到耳房，"自向风炉上煽滚了水，另泡了一壶茶"，黛玉问这水是否也如刚才为贾母泡茶的水一般，是"旧年的雨水",妙玉的反应是冷笑着说:"你这么个人,竟是大俗人,连水也尝不出来!这是五年前我在玄墓蟠香寺住着,收的梅花上的雪,统共得了那一鬼脸青的花瓮一瓮,总舍不得吃,埋在地下,今年夏天才开了。我只吃过一回,这是第二回了。你怎么尝不出来?隔年蠲的雨水,那有这样清淳?如何吃得!"言语之中是满满的自负,不知其中是否有丝丝酸妒之意。这与之前她嘲讽宝玉欲以"九曲十环一百二十节蟠虬整雕竹根的一个大盏"饮茶时,所言"岂不闻一杯为品,二杯即是解渴的蠢物,三杯便是饮驴了。你吃这一海,更成什么",情感与语境完全不同。因此,伶俐的宝钗听弦音,闻雅意,"知她天性怪僻,不好多话,亦不好多坐,吃过茶,便约着黛玉走出来"。

其三,为《汤绽梅》。做法为:"十月后,用竹刀取欲开梅蕊,上下蘸以蜡,投蜜缶中。"至于食用,则是留待"夏月,以热汤就盏泡之",那时则"花即绽,澄香可爱也"。试想这样的情景,微风中,布衣高士用竹刀轻轻采下点点梅花花苞,旁边的小童则静静地捧着竹篮侍候。待采满一篮,主仆二人回到堂中,席地而坐,将花苞用食蜡封好,再投入盛有蜂蜜的罐中贮存。来年夏天某日,取出几颗早已被蜜浸透的花苞,投入青黑色的建窑茶碗,用热水冲泡,霎那间,点点梅花慢慢绽放，一股恬淡的清香混着氤氲的水汽扑面而来……

明高濂《遵生八笺》中记有暗香汤的加工方法："梅花将开时，清旦摘取半开花头连蒂，置磁瓶内，每一两重，用炒盐一两洒之，不可以手漉坏。用厚纸数重，密封置阴处。次年春夏取开，先置蜜少许于盏内，然后用花二三朵置于中，滚汤一泡，花头自开，如生可爱，充茶香甚。"这种梅花入茶之法，与汤绽梅的做法有异曲同工之妙。如此自然韵味，较之后世那些胡乱拼凑的花草茶如何？

其四，为《梅粥》。这里，林洪收录了杨万里的诗《落梅有叹》："才看腊没得春饶，愁见风前作雪飘。脱蕊收将熬粥吃，落英仍好当香烧。"梅粥的做法极简，"扫落梅英，捡净洗之，用雪水同上白米煮粥。候熟，入英同煮"。收集落在地上的梅花花瓣，洗净备用；再用雪水和上好的白米煮粥，待粥熟了，加入花瓣一起煮。明高濂《遵生八笺》记有"收落梅花瓣，净用雪冰水，煮粥，候粥熟，将梅瓣下锅，一滚即起食"的煮粥法；清顾仲《养小录》中记"暗香粥"，"落梅瓣以绵包之，候煮粥熟，下花再一滚"。这两种加工方法均与林洪所记梅粥殊途同归，不过，暗香粥煮熟后，梅花花瓣可以从粥中分离出来。

此外，梅花入馔，在《山家清供》中尚有《牡丹生菜》《不寒齑》等篇目。

《牡丹生菜》一篇，制法介绍部分较简约，文曰："宪圣喜清俭，不嗜杀。每令后苑进生菜，必采牡丹瓣和之。或用微面裹，炸之以酥。又，时收杨花为鞋、袜、褥之用。性恭俭，每至治生菜，必于梅下取落花以杂之，其香犹可知也。""宪圣"为宋高宗赵构的皇后。宪圣皇后十四岁时，被选入宫，侍候时为康王的赵构，她博习书史，又通晓书画，机警善变。林洪称其"喜清俭，不嗜杀"，并无其他藻饰之辞。

牡丹生菜的做法是，将生菜与牡丹花瓣混为一处，或用薄面粉裹一下，置于热油中炸至金黄时捞出即可。而据称林洪的侄儿林恭僖，每次烹制生菜时，也会去梅树下拾些落花混用，与宪圣皇后在生菜中混入牡丹花相比，此举另有一番别致味道。

齑，《释名·释饮食》中解释为"济也，与诸味相济成也"，即切碎的腌菜或酱菜。陶谷《清异录·蔬菜》中记："俗号齑为百岁羹，言至贫亦可具，虽百岁可长享也。"故而齑又名百岁羹。《不寒齑》曰："法：用极清面汤，截菘菜，和姜、椒、茴、萝。欲极熟，则以一杯元齑和之。又，入梅英一掬，名'梅花齑'。"菘菜即现今的白菜，东汉张机《伤寒论》中便有关于菘的记载。不过东汉的菘菜与蔓菁类似，直到南北朝时，才与现代白菜相像。《南齐书·周颙传》记："文惠太子问颙：'菜食何味最胜？'颙曰：'春初早韭，秋末晚菘。'"周颙字彦伦，汝南安城人，南朝齐音韵学家。据说每逢宾友聚会，他即"虚席晤语，辞韵如流"，令"听者忘倦"。当时名士孔稚珪称他是"俊俗之士，既文且博，亦玄亦史"。周颙反对杀生取肉，并劝亲友多食果蔬；他自己有时会"非自死之草不食"。周颙盛赞菘菜美味，可能只是因为他喜好素食。到了两宋时期，经过近千年改良，菘菜可谓蔬菜中美味的代表。苏颂《图经本草》记："今京各种菘，都类南北。"此时的菘菜广泛种植，苏轼更以"白菘类羔豚，冒土出熊蹯"之句赞其味美。自元以降，菘菜在民间才被称为白菜。

不寒齑以切碎的白菜投入清面汤，再加上姜、花椒、八角、小茴香同煮，待滚开后，加进一杯剩菜卤。此外，如果投入一捧梅花，就叫"梅花齑"。

将浸在淘米水中的石花菜置于烈日下暴晒，再时不时用木棍搅动一番，待石花菜颜色变白，将其捞出洗净，捣碎煮熟，随即将得到的胶状液体倒入容器中，趁着热度尚未消散，向液体中洒入梅花花瓣。液体冷却之后，变成晶莹剔透的凝胶状固体，梅花花瓣则不规则地悬浮其中。把凝胶切成小块分装在盘中，上面再撒些姜与鲜橙混在一处而切碎的调味料，即可下箸。只是不知这样美轮美奂的小点，会不会令人不忍吃下？

石花菜，又称海冻菜、琼芝菜，属于一种红藻，通体透明，口感爽嫩，具清肺化痰、滋阴降火等功效。琼脂即是由石花菜提炼的产物。今人可买来琼脂粉煮化，倒进模具，加入花瓣，冷却后即是澄澈玲珑的花朵果冻，食用时可以与红糖汁相配，定然也是美不胜收的情景。这道小点在《山家清供》中篇名为《醒酒菜》，文为："米泔浸琼芝菜，暴以日，频搅候白，净洗捣烂，熟煮取出，投梅花十数片，候冻毼姜橙，为芝廊供。"

因梅花具有清雅幽静的情境，以至"山栗、橄榄薄切，同食"时"有梅花风韵"，故而用此法制的食物以"梅花脯"命名。

梅花煮水、入菜或许过于雅致，也可能破坏了梅花原有的风味。明吴彦匡《花史》中所记的宋代铁脚道人，食梅花的方式就直接得多。他赤脚走进雪中，兴致来了即朗诵《南华·秋水篇》，嚼满口梅花，就着雪咽下，言"吾欲寒香沁入心骨"。此举真可说超凡脱俗了。

当然，红尘滚滚，饮食男女，对于"寒香沁入心骨"

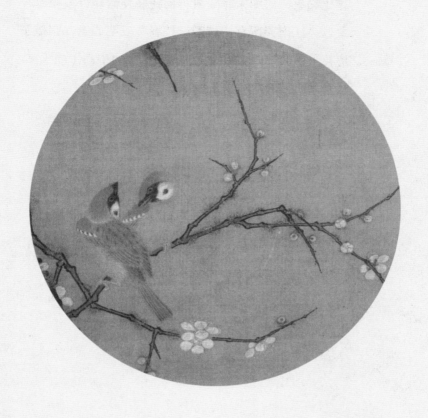

[宋]马　麟（传）　　梅花双雀图（局部）
东京国立博物馆　藏

的超然，或者邵康节《梅花诗》的大智慧往往敬而远之。相比起来，南朝宋时陆凯折梅托驿使赠转好友范晔，并以"江南无所有，聊赠一枝春"表明心意，则赋予梅花平易的一面，正所谓"空对着，山中高士晶莹雪，终不忘，世外仙姝寂寞林"。

此花开尽更无花

"秋丛绕舍似陶家，遍绕篱边日渐斜。不是花中偏爱菊，此花开尽更无花。"虽然唐、宋、元、清人有不少诗文咏菊，但因爱菊而著称于世的是屈原、陶渊明。《山家清供》中有《紫英菊》《金饭》《菊苗煎》数篇专门话菊。其中《金饭》篇中说，"昔之爱菊者，莫如楚屈平、晋陶潜。然孰知今之爱者，有石涧元茂焉"（石涧、元茂亦为当时爱菊者），其"一行一坐，未尝不在于菊"。

林洪所录，更偏重菊之实用。如《紫英菊》篇记，春天时采摘菊苗嫩叶，洗净后略炒一下，添水煮沸，再加入姜、盐制成羹，有"清心明目"的效果。若再加些枸杞叶，效果更佳。但所采的必须是"茎紫，气香而味甘"的菊，叶子才可煮水；"茎青而大，气似蒿而苦，若薏苡"的是野菊，不可用。这种说法在《菊苗煎》中再次得到印证。林洪某次春游至杭州武林门外西马塍，见到友人张耕轩，被邀去他家饮酒，两人兴致勃勃地吟诗作画，张耕轩命仆从上"菊煎"，即用热水涮过的菊苗，裹上用甘草水调和好的山药粉，下油锅煎成。这道"菊煎"从配料、加工到成品，想来皆令林洪颇为喜欢，称其"有楚畹之风"。此处，林洪特地提及，精通医药的张耕轩也说菊花当"以紫茎为正"。

在《紫英菊》《菊苗煎》篇中，菊的食用都以菊叶为主，《金饭》篇，顾名思义，以菊花入饭。选紫茎黄花之菊，投进加盐煮沸的甘草水中焯一焯。待饭快熟时，将菊花放入同煮。如能常吃这种饭，可"明目延年"。

一般人家煮粥时，在白粥即将黏稠时，把洗净的适量黄色或白色菊花切碎放在粥里，搅拌均匀，比在饭里掺入菊花更简便易行。至于菜肴，将排骨或鸡肉洗净焯水，以文火炖汤，加入姜与泡好的枸杞，待排骨或鸡肉烂熟后加入菊花，并用大火烧开，便是一道安神养颜的滋补汤。日常调理，则可将菊花瓣与霜桑叶放入水中，以文火煎透，静置后过滤取汁，然后再将滤汁熬至浓稠，兑入蜂蜜使其呈膏状，早晚服食可清热、明目。此味明目延龄膏曾是御医张仲元给慈禧开的方子。

以汉时《神农本草经》为代表的后世诸多医典，均称菊花"久服利血气，轻身耐老延年"。屈原《离骚》中"朝饮木兰之坠露兮，夕餐秋菊之落英"之语，其中把菊花与仙家食物画上等号。宋陶谷《清异录》中有则故事，说吉祥僧刹有位僧人诵读《华严经》时，一只紫色兔子跑到僧人身旁听经，并随着僧人坐禅，赶也赶不走。它每天吃菊花，饮泉水，僧人便叫它"菊道人"。

菊花与修道者的关联远不止此。梁《续齐谐记》记载，汝南桓景随费长房修道。一天，费长房告诉桓景，九月九日那天桓景家里要遭灾，让他即刻回去，安排家中人于那天在胳膊上系个装有茱萸的香囊，然后再登高饮菊花酒。桓景按照师父吩咐，在九月九日带领全家登高饮酒。傍晚回来时，见院中鸡狗牛羊尸横遍地。此事流传开来，渐渐就有了九月九日登高饮菊花酒的习俗。后来据此演变出另一生动的关于重阳节日传说。东汉时，伏牛山麓汝河中住着个瘟魔，瘟魔一出现，就村村有人病倒，家家有人丧命。有个叫桓景的青年一心想为民除害，就去山中寻访仙人，后来就遇到费长房。费长房送他一把降妖青龙剑、一包茱萸叶子和一瓶菊花酒，嘱咐他九月九日那天带着全村老少登高避祸。到了九月九日，桓景安排妥当乡邻后，挎着降妖青龙剑回村等待瘟魔出现。临近正午，只见天昏地暗，飞沙走石，瘟魔自水中爬上岸，远远看见山上村民，却因忌惮菊花酒和茱萸的味道而不敢上前，于是把火都撒到桓景身上。桓景抽出宝剑，与瘟魔恶斗半天，最后将其诛杀。从此，汝河两岸百姓再也不用遭受瘟疫之苦。在晋周处《风土记》、南朝梁宗懔《荆楚岁时记》中则记，汉高祖刘邦的宠姬戚夫人每年九月九日那天，都会头插茱萸、饮菊花酒。她失宠后，服侍她的宫女纷纷被遣回民间，其中一贾姓宫女将此习俗透露出去，慢慢流传开来。

在《易经》中，"六"为阴数，"九"为阳数，农历九月九日两九相重，故称重阳，也叫重九。三国时魏文帝曹丕《九日与钟繇书》中记有重阳饮宴惯例："岁往月来，忽复九月九日。九为阳数，而日月并应，俗嘉其名，以为宜于长久，故以享宴高会。""九九"与"久久"同音，九在单独数字中最大，有"长久长寿"之意，因此重阳也是个敬老的节日。周时每年有"乡饮酒礼"，作用是"正齿位、序人伦"。无论是春秋战国时期还是西汉、唐、明等朝，都有对老人尊、养的政令通行；唐时更是以中和节、上巳节、重阳节为节令之重。

宋时，农历九月称"菊月"，赏菊之风盛行，民间有赛菊之举，宫中更有插菊枝，挂菊灯，开菊会，饮菊茶和菊酒等风俗。晚明张岱《陶庵梦忆》："兖州缙绅家风气袭王府。赏菊之日，其桌、其炕、其灯、其炉、其盘、其盒、其盆盎、其肴器、其杯盘大觥、其壶、其帏、其褥、其酒；其面食、其衣服花样，无不菊者。夜烧烛照之，蒸蒸烘染，较日色更浮出数层。席散，撤苇帘以受繁露。"不过，像兖州缙绅这种狂热好菊之举，未免近于浮夸奢靡，与菊之本性淡雅颇不相符。《礼记·月令》有"季秋之月，菊有黄华"之语，菊花开放时正值百花开尽，在瑟瑟秋风中，菊花傲然独立，不会为赶上哪个节气或者面对什么人物而变更自己的性情，可谓"春露不染色，秋霜不改条"。

　　真正爱菊者以菊为友，"泛此忘忧物，远我遗世情"，以菊之特性表达自己傲然高洁的品行。陶渊明嗜酒，某年重阳适逢无酒，他便"出宅边菊丛中坐久"，这与杜牧"别后东篱数枝菊，不知闲醉与谁同"的惆怅、杜甫的"明日萧条醉尽醒，残花烂漫开何益"的伤感、韩愈"墙根菊花好沽酒，钱帛纵空衣可准"的冷静，抑或李清照"莫道不消魂，帘卷西风，人比黄花瘦"的独影自命完全不同，陶渊明在"采菊东篱下，悠然见南山"的环境下，自有"啸傲东轩下，聊复得此生"

的胸怀。

陶渊明，字元亮，晚年时更名为潜，谥号靖节，东晋浔阳柴桑人。其曾祖陶侃曾任江夏太守，加鹰扬将军，后又加为都护；晋明帝时因功被封长沙郡公，死后追赠为大司马。祖父陶茂曾为武昌太守。父亲陶敏，曾为姿城太守。陶侃可谓多子多福，光儿子就有十几个。陶侃的十女儿嫁给才子孟嘉，后孟嘉四女儿嫁给陶侃之孙陶敏，生下陶渊明。陶渊明十二岁丧父，家道渐渐中落，自己也徘徊于仕隐之间。二十九岁那年，他做了江州祭酒。当时门阀制度森严，陶渊明出身庶族，很快"不堪吏职，少日自解归"。后陶渊明投入桓玄门下做属吏，而桓玄一心想夺司马家的天下，陶渊明借母亲去世须回家守丧之机，抽身而出。后桓玄在建康篡位，改号为楚，不久被刘裕以打猎为名逐出都城。陶渊明短暂栖身刘裕幕下后再次辞职。一年后，陶渊明在叔父陶逵推荐下任彭泽县令，在任八十一天，因不愿曲意奉承浔阳郡守派来的考察县令政绩的督邮，慨叹"吾不能为五斗米折腰"，随即去职，并作《归去来兮》，这一次，他彻底归隐田园，再也没有出来做官。

陶渊明住所周围遍植菊花。逢有朋友来访，无论长幼贵贱，他必然留其一起喝酒，并要求自己喝醉后，客人才可以走。后他家中遭遇火灾，朋友不时送钱周济。遇有另有目的者，便将其拒之门外，即使贫病交加时，时任江州刺史檀道济来送大米、猪肉，也被他拒之门外。而那些收下的银钱，则被全部送到酒家补清欠账，剩下的则继续买酒。

陶渊明辞官回乡二十二年间，一直在陇亩之中固穷守节，其风骨对后世影响颇大。明代杭州名儒陆平泉初入史馆时，与同僚们一齐去见权相严嵩，大家争先恐后地阿谀奉承，唯独陆平泉一声不吭。旁边有同僚偷偷捅他，催他赶紧过去，陆平泉指着院中菊花，摇摇头说："唉，我更怕在这里见到陶渊明啊！"陶渊明心中的净土应当是老子所言"甘其食，美其服，安其居，乐其俗。邻国相望，鸡犬之声相闻"的世界，但这个理想世界连老子都不曾看到，所以老子出关静静等待。陶渊明则隐于山水之间，给自己创造了一个梦中的桃花源。

林洪在《金饭》篇中将宋人刘元茂与陶渊明等相提并论，除说刘元茂"一行一坐，未尝不在于菊"，还录下其诗作《菊叶诗》："何年霜后黄花叶，色蠹犹存旧卷诗。曾是往来篱下读，一枝开弄被风吹。"翻书时，偶尔在书页间发现不知何时夹进的几片菊叶，上面的诗句隐隐被染上颜色。作者不禁回想起从前在篱笆旁苦读时，被秋风摇落的菊叶随风飞舞，悄然落在书页中。这样自然恬淡的生活令林洪颇为钦佩，故感慨"观此诗，不唯知其爱菊，其为人清介可知矣"。刘元茂之生平鲜见于史籍，《全宋诗》还收有他另一首诗《次花翁览镜韵》："世事磨礲石退棱，此心何爱复何憎。门因候客时时扫，楼为看山日日登。分粟可留巢树鹤，种蔬堪供在家僧。形容每笑临清镜，相对骎骎作老朋。"其中表露出其"此心何爱复何憎"的心态。显然尘世纷争与他无碍。

与陶渊明"此花开尽"那种纯粹、彻底的隐逸相较，林洪在《紫英菊》篇中以分辨杞菊作比，引出"君子小人，岂容不辨哉"的感慨，是否也隐含了一丝怀才不遇的怅惘呢？

蔬 · 清

萝卜羹和野味长

　　清游戏主人纂辑的《笑林广记·贪吝部》录有一则笑话："有学博者，宰鸡一只，伴以萝葡制馔，邀请青衿二十辈食之。鸡魂赴冥司告曰：'杀鸡供客，此是常事，但不合一鸡供二十余客。'冥司曰：'恐无此理。'鸡曰：'萝葡作证。'及拘萝葡审问，答曰：'鸡你欺心，那日供客，只见我，何曾见你。'博士家风类如此。"请二十位朋友吃饭只杀一只鸡用来炖萝卜，本身就令人咂舌；后面还补充说阎罗召唤萝卜对质，萝卜称那日餐桌上只有自己，并未见鸡。包袱抖出，不禁令人捧腹，使"学博者"的悭吝之态活灵活现、跃然纸上。

　　暂且不谈笑话中的讽刺主题，就饮食角度而言，萝卜炖鸡确是一味极为简便且有益的家常菜。鸡肉性平味甘，入脾、胃经，温中益气，补精添髓。萝卜性凉味辛，入脾、胃、肺、大肠经；化痰热，散瘀血，消积滞，解渴，利尿。因而这道菜不仅味道鲜美，还有保健养生之功效。

萝卜是华夏大地的传统蔬菜之一。对《诗经·邶风·谷风》中"采葑采菲，无以下体"一句，郑玄笺注："此二菜者，蔓菁与葍之类也。皆上下可食，然而其根有美时有恶时，采之者不可以根恶时并弃其叶。"杜预笺注："葑菲之采，上善下恶，食之者不以其恶，而弃其善，言可取其善节。"后世以此比喻不可因其短而舍其长。"葑"为蔓菁，"菲"即萝卜。《后汉书·刘玄刘盆子列传第一》中记，"时掖庭中宫女犹有数百千人，自更始败后，幽闭殿内，掘庭中芦菔根，捕池鱼而食之，死者因相埋于宫中"。大背景是西汉末年，赤眉军攻入长安，宫女被困在宫中，只能掘"芦菔根"和捕"池鱼"为食。芦菔根便是今天的萝卜。

李时珍《本草纲目·菜部》中详细记有前代对萝卜名称的描述以及萝卜的药理、实用价值等。《尔雅·释草》中称，"葖，芦菔"。郭璞注解："芦菔，芜菁属，紫华大根，俗呼雹葖。"李时珍总结说："王祯《农书》言：北人萝卜，一种四名：春曰破地锥，夏曰夏生，秋曰萝卜，冬曰土酥，谓其洁白如酥也。珍按：菘乃菜名，因其耐冬如松、柏也。莱菔乃根名，上古谓之芦，中古转为莱菔，后世讹为萝卜，南人呼为萝，与芦同，见晋灼《汉书注》中。陆佃乃言莱菔能制面毒，是来之所服，以菔音服，盖亦就文起义耳。王氏《博济方》称干萝卜为仙人骨，亦方土谬名也。"明徐光启在《农政全书》中有"萝卜一种而四名：春曰破地锥，夏曰夏生，秋曰萝卜，冬曰土酥"之语。可见至少自元以降，萝卜这个俗称即已为大众所接受，"芦菔""莱菔"等古名则慢慢淡出。

对于前代关于萝卜的地域差异、食用部位等争论，李时珍也拿出了自己的论断："莱菔，今天下通有之。昔人以芜菁、莱菔二物混注，已见蔓荆条下。圃人种莱菔，六月下种，秋采苗，冬掘根。春末抽高苔，开小花紫碧色。夏初结角。其子大如大麻子，圆长不等，黄赤色。五月亦可再种。其叶有大者如芜菁，细者如花芥，皆有细柔毛。其根有红、白二色，其状有长、圆二类。大抵生沙壤者脆而甘，生瘠地者坚而辣。根、叶皆可生可熟，可菹可酱，可豉可醋，可糖可腊，可饭，乃蔬中之最有利益者，而古人不深详之，岂因其贱而忽之耶？抑未谙其利耶？"

诚然，名称虽统一，但古今萝卜不尽相同，各地品种亦是多样，常见的有红萝卜、青萝卜、白萝卜、小红萝卜以及北方所产的体小形圆的青皮红心萝卜数种。一般说来，红皮萝卜皮厚肉实，多熟食；青皮萝卜汁甜肉脆，宜生吃。如此有益于身体的蔬菜，自然为文士所推崇。唐冯贽撰《云仙杂记》引《蛮瓯志》中记："乐天方入关，刘禹锡正病酒。禹锡乃馈菊苗齑芦菔鲊，换取乐天六班茶二囊以醒酒。"鲊原为切片后配上调料密封腌渍的鱼，后人们如法炮制肉类，以至于用米粉、面粉拌过的切碎果蔬，均可使用这种加工形式。刘禹锡遣人带着用嫩菊苗、萝卜丝腌制的咸菜，求白居易把自家秘制——"文可降燥，武可清火，朝堂六班，无不相宜"的六班茶拿来醒酒。唐萧炳《四声本草》中有"捣烂制面做馎饦，食之最佳，酥煎食之下气"的表述。北魏贾思勰《齐民要术·饼法》中记："馎饦，接如大指许，二寸一断，著水盆中浸。宜以手向盆旁挼使极薄，皆急火逐沸熟煮。非直光白可爱，亦自滑美殊常。"宋欧阳修《归田录》卷二："汤饼，唐人谓之'不托'，今俗谓之馎饦矣。"若依萧炳所言，将萝卜捣烂，揉进面里，做成面片，其味道、口感必然不错。《随园食单·点心单》中有一味"萝卜汤圆"："萝卜刨丝，滚熟，去臭气，微干，加葱、酱拌之，放粉团中作馅，再用麻油灼之。汤滚亦可。"这里说的食物即萝卜馅儿汤圆，一般人未必消受得了。

李时珍称萝卜"可菹可酱，可豉可醋，可糖可腊"，可随意做成糖醋、酸辣等品味，可清炒、凉拌。如明徐春甫《古今医统大全》中所记"萝卜菹"："萝卜切作片，莴苣条，或嫩蔓青、白菜，切大小同，各以盐腌良久，沸汤炸过，入新水中。次煎酸酱泡之，以碗盖入瓶中浸冷。"此法简单易行，家家户户都可以做，吃时淋入麻油，当下饭菜。

喜恬淡的林洪，自然对萝卜颇为喜爱。《山家清供》中玉糁羹、骊塘羹、萝菔面多种清雅素淡的萝卜食法，令人颇觉耳目一新。

《玉糁羹》一篇，只寥寥数句："东坡一夕与子由饮，酣甚，槌芦菔烂煮，不用他料，只研白米为糁。食之，忽放箸抚几曰：'若非天竺酥酏，人间绝无此味。'"此篇记录得很简单：某个晚上，苏轼与弟弟苏辙饮酒，酣畅之际，苏轼把萝卜捶烂，加入白米粒煮成粥。兄弟二人吃着吃着，苏轼忽地把筷子一放，手抚案几感叹道："如果不是天竺的酥酏，人间绝没有这样的美味。"酥酏或为古印度时候的酪制食品，或佛典中提及的神界美食。《法苑珠林》中记："诸天有以珠器而饮酒者，受用酥酏之食，色触香味，皆悉具足。"苏轼以自己仓促间所制萝卜泥米粥，和世间难觅的美食酥酏相媲美，注重的自然不是食物本身的味道，而是其在精神层面与自己心境吻合。

　　林洪所记这道清供不须赘述。《苏轼集》中《过子忽出新意，以山芋作玉糁羹，色香味皆奇绝。天上酥陀则不可知，人间决无此味也》一诗即曾提到"玉糁羹"："香似龙涎仍酽白，味如牛乳更全清。莫将北海金虀鲙，轻比东坡玉糁羹。"从诗的题目可知，这是苏轼被贬儋州时，儿子苏过以山芋为原料为他做粥，令他赞叹不已，故而作诗为记。至于苏轼自己做的玉糁羹，他则在《菜羹赋》开篇简介了制法："东坡先生卜居南山之下，服食器用，称家之有无。水陆之味，贫不能致，煮蔓菁、芦菔、苦荠而食之。其法不用醯酱，而有自然之味。"而他的诗作《狄韶州煮蔓菁芦菔羹》，说的大概就是这种食物："我昔在田间，寒庖有珍烹。常支折脚鼎，自煮花蔓菁。中年失此味，想象如隔生。谁知南岳老，解作东坡羹。中有芦菔根，尚含晓露清。勿语贵公子，从渠醉膻腥。"不知是因苏轼有洒脱清正之名，还是因其有隐逸山林的高致，玉糁羹后来渐渐成为文士盛赞的一道名品。宋陈达叟搜集编纂的《本心斋疏食谱》中，所录无人间烟火气的二十道素食，玉糁羹即名列其中，并有赞云："雪浮玉糁，月浸瑶池。咬得菜根，百事可为。"陆游《病中杂咏十首》中亦有"西游携得蹲鸱种，且共山家玉糁羹"之句。宋汪革曾有"咬得菜根断，百事可成"

之语。近年，明洪应明为《菜根谭》一书原作的论断，因宋刻本《汪信民菜根谭》的发现而受到质疑，新的说法是洪应明只是《菜根谭》的搜集整理和初版刊行者。不管怎样，教授民众修身养性，进而超然物外的主旨，在宋明之际是一脉相承的。

再回到萝卜煮粥的实例，明高濂《遵生八笺》中的《萝卜粥》，同样简单易行："用不辣大萝卜，入盐煮熟，切碎加豆入粥，将起一滚而食。"其功效是"消食利膈"。

《骊塘羹》篇："曩客于骊塘书院，每食后，必出菜汤，清白极可爱，饭后得之，醍醐未易及此。询庖者，只用菜与芦菔，细切，以井水煮之，烂为度，初无他法。后读东坡诗，亦只用蔓菁、萝菔而已。诗云：'谁知南岳老，解作东坡羹。中有芦菔根，尚含晓露清。勿语贵公子，从渠醉膻腥。'以此可想二公之嗜好矣。今江西多用此法者。"

林洪曾客居骊塘书院，每次饭后，厨人都会端上一碗热气腾腾的汤，汤色青白，甚是喜人。林洪觉得这汤简直是人间美味，问厨子做法，厨子称只是将菜与萝卜洗洗切碎，用井水煮烂，并没有别的秘法。后来，林洪读到上文提及的苏轼《狄韶州煮蔓菁芦菔羹》诗，不由得猜想，虽做的人不同，但做骊塘羹这道菜的方法与味道确有相通之处。这道菜除了要用原生态的蔬菜，井水也是不可或缺的。当年，虽然茶人认为山泉水为上，江河水为中，井水为下，不过从前的井水水质放在如今，想来也是佳品。《骊塘羹》篇中提及的骊塘书院，当为南宋文学家、诗人危稹所创立和主持的书院。危稹原名科，字逢吉，自号巽斋，又号骊塘，抚州临川人。其文才颇为洪迈所称道。"可想二公之嗜好矣"一句中，"二公"当为苏轼与危稹。

《萝菔面》一篇，介绍的是萝卜汁和面之法，文为："王医师承宣，常捣萝菔汁溲面作饼，谓能去面毒。《本草》：地黄与萝菔同食，能白人发。水心先生酷嗜萝菔，甚于服玉。谓诚斋云：'萝菔便是辣底玉。'仆与靖逸叶贤良绍翁过从二十年，每饮适必索萝菔，与皮生啖，乃快所欲。靖逸平生读书不减水心，而所嗜略同。或曰能通心气，故文人嗜之。然靖逸未老而发已皤，岂地黄之过与？"

"王医师承宣"，为南宋初年的佞臣王继先。据《宋史》记，王继先为开封人，建炎初"以医得幸，其后浸贵宠，世号王医师"。至于王继先何以"以医得幸"，叶绍翁在《四朝闻见录》中记："王继先以医术际遇高宗。当高宗款谒郊宫，仅先期二日，有瘤隐于顶，将不胜其冠冕。上忧甚，诏草泽。继先应诏而至，既视上，则笑曰：'无贻圣虑，来日愈矣。'既用药，瘤自顶移于肩，随即消，若未尝有，上遂郊见天地。"由此可见，王继先在医术上还是有一定造诣的，只是人品缺陷颇大，在《宋史》中被归入"佞幸"。

王继先常常会捣碎萝卜，取其汁液和面，称这样能解去面毒。面有何毒？《本草纲目》中引北宋天文学家、药物学家苏颂之语："莱菔功同芜菁，然力猛更出其右，断下方亦用其根烧熟入药，尤能制面毒。"之后又讲了件轶事："昔有婆罗门僧东来，见食麦面者，惊云：'此大热，何以食之？'又见食中有芦菔，乃云：'赖有此以解其性。'自此相传食面必啜芦菔。"萝卜可以解面中的火气，兰州拉面中往往配有萝卜片，可能亦沿用此理。

"《本草》：地黄与萝菔同食，能白人发"一句，概出自宋寇宗奭《本草衍义》中所言"莱菔根，服地黄、何首乌人食之，则令人髭发白"，他认为萝卜性寒，下气作用强，故而消解了何首乌、地黄的滋阴填髓效用。李时珍对此的意见则是："莱菔，根、叶同功，生食升气，熟食降气。苏、寇二氏止言其下气速，孙真人言久食涩营卫，亦不知其生则噫气，熟则泄气，升降之不同也。"

水心先生为南宋文学家、政论家叶适，林洪记录他喜食萝卜，并时不时以杨万里的诗解释说"萝菔便是辣底玉"。其实此句并非杨万里的原话，杨万里《春菜》诗，起始四句为："雪白芦菔非芦菔，吃来自是辣底玉。花叶蔓菁非蔓菁，吃来自是甜底冰。"叶绍翁更是极爱食萝卜，林洪与他交往多年，每次一同吃饭饮酒，叶绍翁都会点萝卜，且连皮生吃，吃得眉飞色舞、畅快淋漓。至此，林洪半开玩笑地分析，叶适与叶绍翁两人读书一般多，又都喜食萝卜，可能是因为萝卜具有消食解气之效，故而读书人喜食。文末，林洪对寇宗奭所言萝卜与地黄等同食会令人发白提出了一点异议：叶绍翁没有老，也没有将萝卜与地黄同吃，头发仍旧白了，这恐怕不能把过错完全归咎于地黄吧？

牡丹燕菜为洛阳水席"四镇桌"之一，往往也作为水席头道主菜。传说武后临朝时，御厨用民间进献的祥瑞——一颗三十多斤的白萝卜——切成细丝，附以各色同样可切丝的珍味，烹制出一道绝味汤菜。武后尝后赞不绝口，赐名"假燕菜"。这种说法流传甚广，但此类与宫廷相关的饮食典故却鲜见于史籍。而在后世文人编辑的种种饮食札记中，萝卜的身影则时时可见，且尤为喜素食者所推崇。晚清薛宝辰《素食说略》中有近一百五十篇介绍素食的短文，以萝卜为主的即有腌莱菔、烧莱菔、烧钮子莱菔、莱菔圆、莱菔汤等数种，其中细述了因产地不同、烧制方法也不同的萝卜，如莱菔圆，须"用京师扁莱菔、陕西天红弹莱菔，无则他莱菔亦可用"，烹制时"切片，煮烂，揉碎，加入姜、盐、豆粉为丸，掺以豆粉，入猛火油锅炸之，搭起锅，甚脆美"。再如莱菔汤，则以"京师扁莱菔、陕西天红弹莱菔为最上，其余莱菔次之"。烹制时"用莱菔七成、胡莱菔三成，切片或丝，同以香油炒过，再以高酱油烹透，然后以清汤闷之。闷至莱菔极烂，其汤即为高汤。或浇饭，或浇面，或作别菜之汤，无不腴美"。《素食说略·例言》中，还有关于汤的论断："菜之味在汤，而素菜尤以汤为要。冬笋、蘑菇，其汤诚佳，然非习用之品。胡豆浸软去皮煮汤，鲜美无似。胡豆芽、黄豆芽、黄豆汤次之。惟莱菔与胡莱菔同煮作汤，最为浓腴，各菜皆宜，久于餐蔬者自知之。余编中所称高汤，指以上各汤而言。"如此，已经将萝卜提升为庖厨必备之物。

袁枚广为人知的《随园食单》中，同样记有不少萝卜的烹制之法。袁枚并非素食主义者，因此除了萝卜汤圆，萝卜在制作过程中往往需要与肉类相配，如鸡圆："斩鸡脯子肉为圆，如酒杯大，鲜嫩如虾团。扬州臧八太爷制之最精。方法用猪油、萝卜、纤粉揉成，不可放馅。"加入猪油，就能弥补些鸡肉为全瘦的缺憾；而这道菜中的萝卜，与鸡肉颜色、状态极似，其富含的水分或能缓解鸡肉的干涩。又如猪油煮萝卜："用熟猪油炒萝卜，加虾米煨之，以极熟为度。临起，加葱花，色如琥珀。"加入猪油与虾米，给萝卜增添了不少味道；"极熟"的火候则使萝卜保持水分的同时，不会过于寡淡。在袁枚那里，萝卜丝还可以鱼目混珠，作为鱼翅使用。《鱼翅二法》中，袁枚先是点出"鱼翅难烂，须煮两日，才能摧刚为柔"的特性。然后在第二法中，称"纯用鸡汤串细萝卜丝，拆碎鳞翅，搀和其中，飘浮碗面，令食者不能辨其为萝卜丝、为鱼翅"；后面不忘补充作弊要领："用萝卜丝者，汤宜多。总以融洽柔腻为佳，……萝卜丝须出水二次，其臭才去。"

对于萝卜味道与功效的矛盾，清李渔《闲情偶寄·饮馔部》"萝卜"一节如是说："生萝卜切丝作小菜，伴以醋及他物，用之下粥最宜。但恨其食后打嗳，嗳必秽气。予尝受此厄于人，知人之厌我，亦若是也，故亦欲绝而弗食。然见此物大异葱蒜，生则臭，熟则不臭，是与初见似小人，而卒为君子者等也。虽有微过，亦当恕之，仍食勿禁。"不仅说起自己因为吃萝卜打嗝儿导致别人厌恶的经历，还提及自己闻到别人打的萝卜味嗝儿时恨恨不已的样子；此外，还进一步上升到鉴人识人的高度：有些人，初见时有些细节宛如小人，但交往久了发现其原来是君子，对于这样的人，当不去计较那些细枝末节的过失，如同不计较吃萝卜者打嗝儿一般，仍用心交往便是。李渔因食萝卜而对交友之道做出如此评断，着实有些新意，且颇有道理，与《大戴礼记·子张问入官篇》中"故水至清则无鱼，人至察则无徒。故枉而直之，使自得之；优而柔之，使自求之；揆而度之，使自索之；民有小罪，必以其善以赦其过，如死使之生，其善也，是以上下亲而不离"如出一辙。

江南可采莲

"出淤泥而不染，濯清涟而不妖，中通外直，不蔓不枝，香远益清，亭亭净植"，周敦颐《爱莲说》中，短短几句就将荷花清丽坚贞的品格表现得淋漓尽致，使其成为文士风骨的绝佳代表。而"鱼戏莲叶间""莲动下渔舟"表达的是水乡乐趣，"兴尽晚回舟，误入藕花深处""藕花却解留莲"则尽显浪漫情怀。文震亨《长物志》中说："藕花池塘最胜，或种五色官缸，供庭除赏玩犹可。缸上忌设小朱栏，花亦当取异种，如并头、重台、品字、四面观音、碧莲、金边等乃佳。白者藕胜，红者房胜。不可种七石酒缸及花缸内。"其中对荷花的养殖环境提出了要求，强调不可随意使用容器，破坏荷花的雅致。

荷花有莲花、芙蕖、水芝、水华、泽芝、水芙蓉等诸多名称，"其叶贴水，其下旁行生藕"的荷称藕荷，

[五代　南唐]顾德谦　莲池水禽图轴（局部）
日本东京国立博物馆　藏

"其叶出水，其旁茎生花"的为芰荷，除花、叶有千姿百态的美，它的叶、果实、根茎均为医、食上品。《本草纲目》中记"其根藕，其实莲，其茎叶荷"，先明确说明其各部分名称，然后详述其各部分药效：如莲子可补中养神，益气力；莲子心可清心火，除烦热；莲藕可滋阴凉血，解热散瘀等。日常食用，往往以藕为多。宋陆佃撰《埤雅》卷十七《释名·藕》中言，"藕，偶生，又善耕泥引长，故藕之文从偶名之亦曰藕"，荷花的根茎最初"细瘦如指"，称为"莲鞭"，上有节，先端数节入土后膨大成藕。藕被切开后，其中导管被拉伸呈细丝状，因此也成为抒男女之情的最佳寄托，如唐孟郊《去妇》中"妾心藕中丝，虽断犹连牵"、宋徐集孙《采莲曲》中"折莲恐伤藕，藕断丝难续"等句。在《佛说观佛三昧海经》卷一中，有"阿修罗耳鼻手足一时尽落，令大海水赤如绛汁。时阿修罗即便惊怖，遁走无处，入藕丝孔"的记述，使莲藕与上界亦产生了联系。

《山家清供》中，分别记有与荷叶、莲蓬、藕相关的美食。其一为莲房鱼包。要做这道菜，需要先采摘嫩莲蓬，自其梗上截断，从底部开口，挖去内瓤，再把用酒、酱、香料煨过的新鲜鳜鱼块儿把空莲蓬塞实，然后把切下的莲蓬底依原样封好，上笼屉蒸，待蒸熟后，里外可涂上一层蜜，然后装盘。配菜是用莲、菊、菱角做原料的汤，此三种被林洪美誉为"渔父三鲜"。林洪记录这道菜的做法之后，补叙自己在李春坊办的宴席上吃过它，还即兴赋诗一首，曰"锦瓣金蓑织几重，问鱼何事得相容。涌身既入莲房去，好度华池独化龙"。若说"锦瓣金蓑织几重"一句是形容莲房鱼包之美，那么"好度华池独化龙"就有以西王母瑶池、鲤鱼化龙的寓意了。因此主人李春坊听后大喜，"送端研一枚、龙墨五笏"。宴席主人一说为季春坊，魏晋后，太子所居宫称春坊，其官署有左、右之分，因此，这里的"春坊"不知指人名还是官职。

鳜鱼又名石桂鱼，肉质细嫩，味道鲜美，唐宋时以之为佳肴。在唐张志和诗句"西塞山前白鹭飞，桃花流水鳜鱼肥"以及宋周密"六桥春浪暖，涨桃雨，鳜鱼肥"词句中，鳜鱼都是日常美食。在林洪所述莲房鱼包中，鳜鱼的鲜美与莲蓬的清香完美融合，可谓独出心裁。

其二，为一道主食，名"玉井饭"，仍旧是林洪在友人家吃到的。这位友人为章鉴，字君宝，号艺斋，浙江昌化人。宋宁宗嘉定年间进士，累迁文华殿待制，著有《友山文集》等。有版本注释"章雪斋"为章鉴，字公秉，号杭山，别号万叟。其人宽厚仁和，累迁同知枢密院事，被士大夫目为"满朝欢"，有《杭山集》传世。

某次，林洪去章鉴府上做客，恰好没有其他人前来，章鉴便挽留林洪吃晚饭喝酒，两人对酌谈天，惬意非常。时天色已晚，章鉴吩咐左右准备玉井饭招待林洪。林洪对这种饭的评价是"甚香美"，其做法为：将藕切成块儿，新莲子去皮和心；在饭中的水刚刚沸腾时投入锅中，随后继续焖煮，饭熟后自然清香四溢。林洪推断，玉井饭这个名字自唐韩愈《古意》诗中"太华峰头玉井莲，开花十丈藕如船"中得来。宋王炎《石盆荷叶》诗亦以玉井为喻，其中有"留待移根栽玉井，开花十丈藕如船"之句。

在《玉井饭》篇末，林洪引两句描写藕的诗句"一弯西子臂，七窍比干心"，特地记下今范堰的七星藕"大孔七、小孔二，果有九窍"。宋周南《冻藕》诗，同样夸赞了这种精致的藕："雪藕前身玉井莲，与泥俱出又经年。长卿渴杀郫筒酿，乞与春塘范堰船。"

其三，是一味点心，名"洞庭馔"。林洪曾去东嘉（今浙江温州）游玩，在水心先生所设宴席中，正好尝到了净居寺僧人送来的这种点心，其大小如铜钱，每个都以橘叶包裹，香气浓郁，使人宛若身处洞庭湖边一样。水心先生即席赋下两句诗："不待满林霜后熟，蒸来便作洞庭香。"这里的"水心先生"乃南宋永嘉学派的代表人物叶适，字正则，宋孝宗淳熙年间进士。开禧北伐时他力主抗金，为韩侂胄所重，在韩侂胄被诛后，中丞雷孝友弹劾叶适有"附侂胄用兵"之罪，叶适因而被夺职，归乡讲学。

林洪尝到这种点心后，意犹未尽，专门去寺中拜访僧人，求教制作方法。僧人告诉他，采来莲蓬，混着橘叶一起捣烂，再加入蜜，和上面粉，团成小块，最后以橘叶包裹蒸熟即成。"馇"原意为食物腐臭，《尔雅·释器》中有"食馇谓之餲"之说，《论语·乡党》中有"食馇而餲，鱼馁而肉败，不食"之语，此篇《洞庭馇》或以反语形容点心美味。

其四，为石榴粉。虽名为"石榴粉"，其实与石榴没有丝毫关联，所需原料为藕、梅子汁、胭脂、绿豆粉和鸡汤。藕切成小块，置于砂锅内擦成圆球形，添入梅子汁、胭脂，使其变红。随后拌以绿豆粉，再倒入鸡汁中煮，成品颇似一颗颗石榴子，故称"石榴粉"。这道菜味道如何，因未亲尝不好断言，不过嚼起来应该比较脆。

其五，是名称同样别具诗意的碧筒酒。《碧筒酒》篇较简短，为："暑月，命客泛舟莲荡中，先以酒入荷叶束之，又包鱼酢它叶内。俟舟回，风薰日炽，酒香鱼熟，各取酒及酢。真佳适也。坡云：'碧筒时作象鼻弯，白酒微带荷心苦。'坡守杭时，想屡作此供用。"在暑天里，与客人一同泛舟至荷花丛中，把采来的荷叶卷成筒状，再倒入酒，另取荷叶包起糟鱼。待在湖面游玩一圈回来，鱼已经被晒得滚热，酒香也透过荷叶散发出来。疲累之际，与友人在云淡风轻中一道饮酒食鱼，真乃快事。林洪猜想，苏东坡留下的诗句定是被贬为杭州通判后，时常享用这道美食。"碧筒盛酒"一典，在《酉阳杂俎》前集卷七《酒食》中记有其出处："历城北有使君林，魏正始中，郑公悫三伏之际，每率宾僚避暑于此。取大莲叶置砚格上，盛酒三升，以簪刺叶，令与柄通，屈茎上轮菌如象鼻，传吸之，名为碧筒杯。"苏东坡在《中山松醪寄雄州守王引进》诗中亦自注："唐人以荷叶为酒杯，谓之'碧筩酒'。"

莲子与藕现今在日常饮食中依然常见。林洪所记的几种饮馔相对繁杂，事实上，如果只是简单地把鲜藕、白萝卜、旱莲草放在一起，洗净捣汁，再加入冰糖，即做成日常饮品；如果将浸泡好的银耳、莲子用冷水同煮，熬至黏稠时加入冰糖与浸泡好的红枣，当成饭后小食，同样能体味到林洪所倡导的饮食之"清"。

夜雨剪春韭

韭菜可谓伴随着华夏历史演续的传统蔬菜，《诗经·豳风·七月》中有"二之日凿冰冲冲，三之日纳于凌阴，四之日其蚤，献羔祭韭"之句，记述祭祀司寒之神的礼仪，即是"献黑羔於神，祭用韭菜"；同样，《续资治通鉴·宋太宗淳化三年》中记"辛酉，令有司以二月开冰，献羔祭韭"。可见韭菜不但在我国种植极早，本身还被赋予了神圣的意义。

西汉元帝时，黄门令史游所作《急就篇》中有"葵韭葱薤蓼苏姜，芜荑盐豉醯酢酱"，其中韭菜在常见蔬菜中仅次于葵的位置。《说文》中释韭为"一种而久者，故谓之韭"。因易于生长，东汉末年民谣中把韭菜与头发作类比，"发如韭，剪复生"。唐时，韭菜更是常见于园圃，亦屡屡出现于文士笔端：如卢仝《寄男抱孙》中有"乘凉劝奴婢，园里耨葱韭"，王昌龄《题灞池二首》中有"腰镰欲何之，东园刈秋韭"，白居易《邓州路中作》中有"漠漠谁家园，秋韭花初白"，元稹《代曲江老人百韵》中有"廧斗冬中韭，羹怜远处莼"等，不胜枚举。

其中较脍炙人口的，要数杜甫《赠卫八处士》。开头两句"人生不相见，动如参与商"已道尽感慨，最后两句"明日隔山岳，世事两茫茫"更是尽显凄凉悲切。全诗中只有"夜雨剪春韭，新炊间黄粱"表现出生机勃勃的情态。《山家清供》中《柳叶韭》篇中，即引用过此句。全篇为：

> 杜诗"夜雨剪春韭"，世多误为剪之于畦，不知剪字极有理。盖于炸时必先齐其本，如烹蕨"圆齐玉箸头"之意。乃以左手持其末，以其本竖汤内，少剪其末。弃其触也。只炸其本，带性投冷水中。取出之，甚脆。然必竹刀截之。
>
> 韭菜嫩者，用姜丝、酱油、滴醋拌食，能利小水，治淋闭。又方：采嫩柳叶少许同炸，尤佳，故曰"柳叶韭"。

这里，林洪先阐明不少人对"夜雨剪春韭"的误解，下着雨的春日夜晚，自是不太可能去菜畦中割韭菜。所以这里的"剪"当为剪齐韭菜根部。"圆齐玉箸头"句同样引用的是杜甫诗《秋日阮隐居致薤三十束》中句。薤与韭一样，属于百合科多年生宿根草本植物。薤今称藠头，味辛、苦，无毒；鳞茎可制酱菜。"圆齐玉箸头"前句为"束比青刍色"，形象地描述了薤的形貌。

本篇中的"春韭"，极有可能是韭黄。《汉书·召信臣传》中记"太官园种冬生葱韭菜茹，覆以屋庑，昼夜燃蕴火，待温气乃生"，这就是今人冬天温室栽培作物的雏形。韭菜被隔绝阳光，光合作用减弱，故而"高可尺许，不见风日，其叶黄嫩"。召信臣为西汉元帝时名臣，勤政爱民，后列九卿之一，他认为这种劳民伤财培养出的冬季蔬菜"皆不时之物，有伤于人，不宜以奉供养，及它非法食物"。如今韭黄仍是餐桌上常见的时蔬之一，且价格远远高于韭菜。

在做法上，林洪的建议是左手握住韭黄末梢，把它的根部竖在开水中，右手可以用竹刀剪去些许叶梢。要注意根部焯水的火候，不能完全烫熟，需及时提出并浸入冷水，以保持它的色泽。再用竹刀将韭黄切成小段，加入姜丝、酱油和醋，拌匀后食用。这道菜有治疗小便不畅的功效。如果能再采摘些嫩嫩的柳叶，与韭黄一起焯后用佐料拌匀，味道更佳，且可以取"柳叶韭"这个春意盎然的名字。

本篇中提及必以竹刀切菜，似不希望金属器物会影响果蔬的味道。今人初加工有些菜时，或以手掰，亦是为了避免金属器物改变原料的味道。

杜甫"夜雨剪春韭"一句，雅致之中又极富生活韵味。后世人言春韭，亦多以此为蓝本，如宋辛弃疾"夜雨剪残春韭"、元汤舜民"连床秉烛，隔篱唤酒，夜雨呼童剪春韭"、明高启"几夜故人来，寻畦剪春雨"等句。

民间韭菜的烹制方法，鲜有如林洪那般极力保持其田园风味的，对百姓而言，韭菜与鸡蛋同炒是最简易清淡的做法。有人认为，《礼记》中"庶人春荐韭，配以卵"是初春时，民众以韭菜代替鸡蛋作为祭品之意。若真是如此，韭菜炒鸡蛋的地位恐怕也要在饮食界升格。另外一种大众熟知的做法，是把韭菜与面搭配，做成韭菜合子或者韭菜包子。前者，有清袁枚《随园食单·点心单》中"韭合"一节："韭菜切末拌肉，加作料，面皮包之，入油灼之。面内加酥更妙。"韭合之所以味美，其中肉的作用自然不可小觑。后者，有梁实秋描述北平东兴楼的胶东韭菜篓，"高壮耸立，不像一般软趴趴的扁包子""像这样的韭菜篓端上一盘，你纵然已有饱意，也不能不取食一两个"。

至于现今人们日常炒制韭菜时，会以各种肉类搭配。如螺蛳肉炒韭菜，即先以热油煸炒蒜末，炒出香味后放入螺蛳肉，快速翻炒，待螺蛳肉变色后加入辣椒酱调味，再放入切好的韭菜，片刻即可出锅。

除此之外，韭花酱也是一种历史悠久、味道独特的调料，把将开未开的韭菜花洗净捣碎，再混上同样为碎末状的鲜辣椒、生姜、食盐，随即入坛密封，数日后便可食用。

这里补充一点，后世不少人认为不食荤就是不吃肉食，是为大谬。《随园食单·杂素菜单》中言"韭，荤物也"，直接点出韭菜属于荤类。《本草纲目·菜部》"蒜"言："五荤即五辛，为其辛臭昏神伐性也。炼形家以小蒜、大蒜、韭、芸薹、胡荽为五荤；道家以韭、薤、蒜、芸薹、胡荽为五荤；佛家以大蒜、小蒜、兴渠、慈葱、茖葱为五荤，兴渠即阿魏也。"（按：兴渠叶似蔓菁，根似萝卜，生熟味皆如蒜；慈葱即葱；茖葱即薤，形似韭。见《三藏法数》。）佛教认为这"五种荤菜，气味臭秽，体不清洁。熟食发淫，生啖增恚"，故而"凡修行人，皆不许食"。当然，不食具有刺激性味道的食物，以免影响修行，自是无可厚非。但从根本上来说，还是要人修心断欲，去掉执着。若真能做到心无挂碍，慈悲众生，也就不谨持什么不该吃了。

荠菜风骨

　　《山家清供》中，不少篇目名称都与实际食材大相径庭，如《玉灌肺》无关"玉"或"肺"；《石榴粉》并未用到石榴；《鸭脚羹》中不见鸭掌；《酒煮菜》的主料并非青菜，而是一条鲫鱼，等等。想来这便是在品味之前，先让听觉、视觉感受到食物之美的"耳餐""目餐"。《如荠菜》篇也是一样，文中的食物并没有荠菜的身影。

　　林洪从一则故事讲起："刘彝学士宴集间，必欲主人设苦荬。狄武襄公青帅边时，边郡难以时置。一日集，彝与韩魏公对坐，偶此菜不设，骂狄公至黥卒。狄声色不动，仍以'先生'呼之，魏公知狄公真将相器也。"

　　在这则故事里，刘彝喜好吃苦荬菜，不但平时自己会找来吃，参加宴席的时候也希望能够吃到。狄青某次宴请刘彝时，不知是否因食材稀缺，少了这道苦荬菜，刘彝大怒，劈头盖脸把狄青骂了一通，狄青没有表现出半点气恼的样子，同在座中的韩琦不禁对狄青暗暗欣赏，觉得他具有将相的风度。

苦荬菜，又名盘儿草、苦麻菜、剪子股，味苦，性凉，清热解毒，凉血消肿。李时珍在《本草纲目》中说："苦菜即苦荬，家栽者呼为苦苣，实一物也。"刘彝喜食苦荬菜，大概也因其有药用功效。

这则故事中出现的刘彝、韩琦和狄青，在历史上都是赫赫有名的将相。先说也许弄错了的刘彝，他是福州人，宋仁宗庆历年间进士，为邵武都尉，调高邮主簿。后因通晓水利，被任为地方治河事的都水丞，几经宦海沉浮，七十岁那年在应召还都时病故。著有《七经中义》《明善集》《居阳集》等，均不存。明嘉靖《赣州府志》中记述赣县县北八十里有石人，传说某次刘彝乘船时在此处搁浅，夜晚休息时，船夫梦见一个石人对他说："刘，贤侯也，吾当护之。"第二天一大早，船夫解下缆绳，船果然从浅滩中脱困，继续前行了。虽然《山家清供》这则故事里刘彝脾气不怎么样，但在历史上他可谓兴国利民的良臣。这里的刘彝恐为刘易之误。据《宋史·隐逸中·刘易传》载，忻州人刘易，博学多才，喜谈军事。韩琦知定州时，刘易进献自己所著《春秋论》，授太学助教，韩琦欣赏他的学识，对他以礼相待。其后的尹洙、狄青都对他尊敬有加。因此真正指斥狄青的，应为刘易。

韩琦，字稚圭，相州安阳人，自号"赣叟"。二十岁时中进士，名列第二。当宣读中举者名单，念到他的名字时，"太史奏日下五色云见"，有这样的吉兆，自然"左右皆贺"。宝元三年（1040）韩琦进枢密直学士、陕西经略安抚副使，与范仲淹等共同指挥防御西夏战事。当时有歌谣称"军中有一韩，西贼闻之心骨寒；军中有一范，西贼闻之惊破胆"。庆历三年（1043）韩琦为枢密副使，支持"庆历新政"，与范仲淹、富弼等同时登用，名重一时。宋仁宗嘉祐三年（1058）拜相。宋英宗朝封魏国公。宋神宗时，韩琦与司马光等人反对王安石激进变法，并上疏规劝。宋神宗读后感叹"琦真忠臣！"。宋神宗熙宁八年（1075）六月，韩琦在相州去世，宋神宗因而"素服哭苑中"，并亲书"两朝顾命定策元勋"碑额，赠尚书令，谥"忠献"。宋徽宗时又追赠韩琦为魏郡王。韩琦曾著有《安阳集》。《全宋词》录其词四首，后世对韩琦政绩、文学的评价皆为佳语。如欧阳修称其"可谓社稷之臣"。苏轼赞叹"韩、范、富、欧阳，此四人者，人杰也"。明代文学家谢肇淛认为韩琦德量过人，并非藻饰之语。

某次四川成都、陕西汉中一代饥荒，韩琦被差为"体量安抚使"，前往当地，即行减免赋税、整顿吏治、赈济灾民之举，"活饥民百九十"。北宋刘斧《青琐高议》前集卷一中《葬骨记》一篇，便是讲宋神宗熙宁四年时，韩琦偶在地方军务调度处所修养时，将一无首少妇的尸身以礼迁葬的事。

在《青琐高议》后集卷二中，另有一则《韩魏公》短篇，其中也记述了两个小故事，着力褒扬韩琦的宽厚仁和。

最后说说狄青。狄青字汉臣，汾州西河人。历史上的狄青总是带有几分悲情色彩。据《宋史·狄青传》载，狄青"善骑射，……凡四年，前后大小二十五战，中流矢者八，……尝战安远，被创甚，闻寇至，即挺起驰赴，众争前为用。临敌被发、带铜面具，出入贼中，皆披靡莫敢当"。

狄青善于骑马打仗，每逢战事，都身先士卒，带领部下折冲樽俎，四年中参加大小战役二十五次，其中安远一战受伤不轻，即使如此，在听说敌军前来时，他依然毫不犹豫地上马迎战。在冲锋陷阵时，他喜欢与北齐世宗高澄第四子兰陵王高长恭一样戴着面具。在战场上，狄青可谓所向披靡。

关于狄青的轶事颇多，此处试举一二，以表明他那由时代铸就的悲情，及其中隐因。

《宋史·狄青传》载："青奋行伍，十余年而贵，是时面涅犹存。帝尝敕青傅药除字，青指其面曰：'陛下以功擢臣，不问门第，臣所以有今日，由此涅尔，臣愿留以劝军中。'"这一节可谓脍炙人口：狄青为农家子时因代兄受过，被判黥刑，身上留下极难除去的印迹，宋仁宗曾劝他除去这些印迹，狄青婉拒，说自己留下这个，可以激励全国的兵士：每个人都有机会从下层做起，一步步擢升到他今天的位置。

两宋三百多年，崇文抑武的思想贯穿始终。宋太祖赵匡胤身为武将，当初便是从后周周世宗那里接过了天下，对于武将权势一大，随时可以改朝换代自是深有体会，而文官——权高如"半部《论语》治天下"的赵普——至多贪些财物，威胁不了国之根本。因而狄青对于自己越升越高的位置，亦是战战兢兢，如履薄冰。在文臣心中，武将官阶再高，也只是被呼来喝去的低等角色。篇首狄青被呵斥一节，与丁传靖辑《宋人轶事汇编》中所记有些出入：韩琦知定州，狄青为其手下时，某次宴会，厅中优伶拿儒者开玩笑，刘易登时勃然大怒，起身痛骂狄青，说你一个脸上刺字的小兵居然敢如此戏弄人云云，且越说越气，把酒壶酒杯统统摔在地上。而狄青脸上没有现出半点不快，相反还不停地笑着向刘易解释。第二天，狄青还亲自去刘易住处赔罪。至于宴会上因吃不到苦荬菜而大动肝火，似乎也不止一次。狄青总是想方设法去临近的郡县求来，直到刘易吃得腻了，苦荬菜风波才算过去。

若说刘易的苦荬菜之难还可以解释为狄青守礼，那么连娼妓、奴仆也可以拿狄青随便开玩笑，总可以说是武将地位低贱的一个佐证吧。狄青在韩琦手下时，有个名妓白牡丹，在某次宴会上向狄青劝酒时公然说："劝斑儿一盏。"这便是讥讽狄青脸上的刺字。狄青升为枢密副使后，前往都城赴任。府中差役等候多日迎接不到，心生怨恨，便用京城称军人的粗话骂道"迎一赤老，屡日不来"。这种粗话后来就传到狄青耳中。想来狄青闻此，也只有苦笑的分儿了。

自己不是通过科举取得的功名，无论就当时的大环境而言，还是在狄青心里，都是一个难解的结。韩琦知定州时，某次狄青旧部焦用从此路过，韩琦因其违反军令准备处死他。狄青恳切求情，称焦用是个军功卓著的"好儿"。韩琦驳斥道："只有在东华门外被唱榜得中状元的才可称'好儿'。"焦用因而被斩。据《东京梦华录》记，汴梁城"东华门外，市井最盛"，在这里将状元榜单昭示天下，自然是声势极盛。另，狄青在升任枢密后，曾对人感慨地说韩琦的"功业官职与我一般，我少一进士及第耳"。凭军功升至高位，虽然是凭性命一步步拼来的，但心理上终究不如那些科考入仕的官员踏实。

这样隐隐的惶恐随着外界有意无意地推波助澜而慢慢被放大。据说某次汴梁大水，狄青举家迁往相国寺暂避，因为穿着浅黄袄子坐在大殿上指挥士卒来来往往搬运东西，传出去就成了狄青身着皇家色彩的衣服居于高堂之上，言外之意自然是狄青有谋逆的意图。于是又有狄青家的狗头上长角、狄青家庭园中夜间出现火光等"异状"。至和三年（1056）正月，宋仁宗暴感风眩，病愈之后不久，中原又因大雨引发洪水，京师一片汪洋，受灾者不计其数。其时尚未立储，于是朝臣便隐隐担心赵宋江山会落入外人之手，欧阳修、文彦博均上疏劝皇帝早日削减狄青的兵权。他们的理由是，即使狄青一心尽忠，但难保下面的将士不会重演赵匡胤那种黄袍加身的大戏。宋仁宗自然知道自己先祖得天下多少不那么光彩，于是终于狠狠心，于嘉祐元年（1056）八月免去狄青枢密使一职，令他出守陈州。狄青问文彦博自己被免职的原因，得到的答案令他心惊肉跳，那便是："你固然没有犯什么错，但是朝廷怀疑你！"

宋人周辉撰笔记《清波杂志》记载，狄青从京城动身时眉头紧锁，左右问他原因，狄青黯然道，陈州有一种梨，名"青沙烂"。想来我这一去，必然是再没有机会回来了。狄青到陈州后，朝廷隔一阵子就会派人探问他的情况，每次狄青都觉得朝廷派人来是宣告赐死旨意的。半年后，狄青在惶恐与焦虑中病倒，不治身死，时年四十九岁，一代将星就此殒殁。

狄青死了，朝臣与皇帝都放心了，于是"帝发哀，赠中书令，谥武襄"。《宋史·狄青传》对狄青处事的评论是"慎密寡言，其计事必审中机会而后发。行师先正部伍，明赏罚，与士同饥寒劳苦，虽敌猝犯之，无一士敢后先者，故其出常有功。尤喜推功与将佐"。宋神宗时，考量近几十年的将帅，觉得狄青功业无出其右者，便将狄青的画像悬挂于禁中，亲书祭文，遣使前往狄家祭奠。狄青墓位于山西汾阳，附近原有显庆寺、狄公祠等，均毁于乱世战火与文化浩劫。早在南宋时，狄青故事就已经出现在艺人口中，如话本《收西夏》，其后的金院本《说狄青》、元杂剧《狄青扑鸟》《狄青复夺衣袄车》《刀劈史鸦霞》、清白话长篇小说《五虎平西前传》等，均为民间传颂这位悲情英雄事迹的作品。

再回头来看荠菜。荠菜又名护生草、净肠菜、菱角菜、地米菜等，草本十字花科植物。其被用作食材的历史可以追溯到周代，春日时民间有采摘荠菜食用的习俗，辛弃疾《鹧鸪天·代人赋》中即有"城中桃李愁风雨，春在溪头荠菜花"之句。荠菜还有止血的功效。《山家清供》中《如荠菜》篇所记苦荬菜的食法，是"用醯酱独拌生菜。然，作羹则加姜、盐"。荠菜的食用方法与此大同小异。《本草纲目》中有药膳方"荠菜粥"，今日家常食物，像清炒荠菜、荠菜炒冬笋、荠菜炒肉片、荠菜鸡蛋汤、荠菜水饺等也随处可见。

唐玄宗时的宦官高力士，忠心陪侍李隆基大半生，后被李辅国构陷，流徙至巫州时，身边随从不过十几人，带来的衣物粮食也只够数月之用，年过七旬的高力士遂留下一首五言绝句"两京作斤卖，五溪无人采。夷夏虽有殊，气味都不改"，来吟咏荠菜。两京，是长安、洛阳；五溪，古荆州辖下武陵一带，一般是指沅水上游的五大支流，大约在现在湖南怀化不远。高力士感慨荠菜不论南北贵贱，始终不改其色香味，同时以此抒怀，自己忠于故主的心不会因境遇的变化有丝毫改变，可谓他内心的真实映射。

青青园中葵

　　"青青园中葵，朝露待日晞。阳春布德泽，万物生光辉。常恐秋节至，焜黄华叶衰。百川东到海，何时复西归？少壮不努力，老大徒伤悲！"这是乐府古辞《长歌行》三首中的第一首，宋郭茂倩把它归入《乐府诗集》中《相和歌辞·平调曲》。乐府本为汉代掌管音乐之官署，专事负责搜集、整理民歌俗曲；而对"长歌行"之名，有多种说法：晋崔豹《古今注》中说"言人寿命长短，各有定分"；唐李善《文选注》则说"古诗曰'长歌正激烈'；魏武帝《燕歌行》曰'短歌微吟不能长'；晋傅玄《艳歌行》曰'咄来长歌续短歌'，然行声有长短，非言寿命也"。无论如何，《长歌行》终因"少壮不努力，老大徒伤悲"之句脍炙人口。这里需要说明一点，即今多认为《燕歌行》二首是魏文帝曹丕之作，颇有柏梁体七言诗之风，句句用韵，一韵到底，为汉魏描写闺怨秋思的代表作之一。"短歌微吟不能长"一句出自第一首；全诗中亦不乏佳句："秋风萧瑟天气凉，草木摇落露为霜，群燕辞归鹄南翔。念君客游思断肠，慊慊思归恋故乡，君何淹留寄他方？贱妾茕茕守空房，忧来思君不敢忘，不觉泪下沾衣裳。援琴鸣弦发清商，短歌微吟不能长。明月皎皎照我床，星汉西流夜未央。牵牛织女遥相望，尔独何辜限河梁？"金庸射雕三部曲之《倚天屠龙记》的章回名称即仿柏梁体，读来也很有《燕歌行》的味道，如"天涯思君不可忘""武当山顶松柏长""浮槎北溟海茫茫""针其膏兮药其肓""剥极而复参九阳""与子共穴相扶将""举火燎天何煌煌""东西永隔如参商"，等等。而《长歌行》这一首，则与南朝梁沈约《咏湖中雁》诗一起，被在辞赋理论、书法校勘等方面均有成就的清代学者何焯赞为"咏物之祖"。

林洪在《山家清供》中，除了简记葵的性状及烹调方法外，更赋予其与德性相关的含义，这便是《鸭脚羹》："葵，似今蜀葵。丛短而叶大，以倾阳，故性温。其法与羹菜同。《豳风·七月》所烹者是也。采之不伤其根，则复生。古诗故有'采葵莫伤根，伤根葵不生'之句。"

葵即冬葵，又名冬寒菜、冬苋菜、滑肠菜、金钱葵、茴菜、奇菜、蕺菜、滑滑菜等，越年生草本植物，春秋战国、秦、汉时为日常主要蔬菜。清吴其濬《植物名实图考》卷三《蔬类·冬葵》中称其为"百菜之主"。《素问·藏气法时论》有言"五菜为充"，唐王冰注《素问》时释五菜为"葵、藿、薤、葱、韭"。《灵枢·五味》中说"五菜：葵甘，韭酸，藿咸，薤苦，葱辛"。西汉史游《急就篇》中列出十三种蔬菜，亦以葵为首。《诗经·豳风·七月》里，有"六月食郁及薁，七月亨葵及菽。八月剥枣，十月获稻"的记述，农历六月，可以吃郁李和山葡萄；七月，则可以烹制冬葵和豆子；八月打枣，十月收稻。东汉崔寔所撰、以农家月令为体裁的农书《四民月令》里说，"九月作葵菹、干葵"，即把葵腌制起来或晾晒脱水，以便于储存。北魏贾思勰《齐民要术》中则记述了葵的栽培方法："三月种之，嫩苗可食。待五月蔓延后，其叶肥厚软滑可作蔬，或和肉食之皆宜。"而《鸭脚羹》篇"采葵莫伤根，伤根葵不生"之句，林洪说来自"古诗"。这首古诗大约作于汉代，作者不可考，全诗四句，后两句为"结交莫羞贫，羞贫友不成"。

　　葵在蔬菜中的主导地位或持续到唐代，随着外来蔬菜品种的增多，加之葵"性虽冷，若热食之，令人热闷，动风气，四月勿食，发宿疾"，它出现的机会也慢慢变少，以致明李时珍在《本草纲目》中将葵划归草药而非蔬菜类。他多少有些感慨地写道："葵菜古人种为常食，今之种者颇鲜。有紫茎、白茎二种，以白茎为胜。大叶小花，花紫黄色，其最小者名鸭脚葵。其实大如指顶，皮薄而扁，实内子轻虚如榆荚仁。"白居易《官舍闲题》诗："职散优闲地，身慵老大时。送春唯有酒，销日不过棋。禄米麞牙稻，园蔬鸭脚葵。饱餐仍晏起，余暇弄龟儿。"其中麞牙稻为形似麞牙的稻米，鸭脚葵就是叶形似鸭掌的葵菜。林洪的"鸭脚羹"即由此诗得名。林洪在《鸭脚羹》中，着重喻世内容，并没有记下这道菜的具体做法，只说"其法与羹菜同"。这里试着还原一下冬葵的制作：把冬葵嫩叶去筋洗净，放进米汤中煮沸，再酌量加入食盐、葱段，出锅后再滴少许香油，便是原汁原味的冬葵汤了。

随后，林洪讲了个故事："昔公仪休相鲁，其妻植葵，见而拔之，曰：'食君之禄，而与民争利，可乎？'"故事的主角公仪休又称公仪子，为春秋时鲁国国相，清正廉明，奉法循理。《史记·循吏列传》中记有公仪休的几个细节，他吃了菜后觉得味道鲜美，就把院子里种的葵菜全都拔出来扔掉；他的妻子织布织得很不错，他便把妻子赶出去，还放火烧了织机，因为在他看来，自己已经拿了朝廷的俸禄，就不能再与农夫、女工等争利。这就是"拔葵去织"的来历。宋杨万里《谢赐御书表》中"啮雪饮冰，勉企拔葵之洁"一句，便是引用此典。

公仪休最广为人知的轶事，还是他拒绝别人送鱼的故事。除了《史记·循吏列传》，《淮南子·道应训》里也记有此事。公仪休喜欢吃鱼，常常有朋友或者属下来送鱼，公仪休每次都坚决推拒。大家不解，问公仪休这么做的原因。公仪休说："就是因为我喜欢吃鱼，所以才不能接受别人的馈赠。我现在在国相的位置上，想吃鱼了，随时可以买来吃，但一旦接受了人家的礼物，就难免会有徇私枉法的举动，那时候就要被罢免官职，也许还会牵累家人，到那时候，想吃鱼也吃不到喽！"众人听了，连连点头，都深深佩服公仪休的明智与自律。

老子所言"圣人后其身而身先，外其身而身存。非以其无私邪？故能成其私"，便是告诫世人，凡事把自身利益放在最后，反而会受到拥戴；把自身安危置之度外，反而能得到保全。这与林洪提倡的淡泊处世之道有异曲同工之处。与公仪休的无私相较，林洪不禁感慨当下世态："今之卖饼货酱、质钱市药，皆食禄者，又不止植葵，小民岂可活哉？"宋李吕有一首《承德功仙尉出示直翁感兴之作辄次其韵》诗，似可作为对于林洪所发感慨的缘由所作的豁达解说："蝇头蜗角使人愁，贪先务胜如争舟。隐心空逐市朝乐，着眼未省林泉幽。尘埃平时正汩没，出处与世相沉浮。由径反诮澹台子，拔葵仍笑公仪休。怀哉古道久寂寞，凤鸟不至三千秋。孰知名教真乐地，徒以得失为己忧。骑马四驰失其驭，放豚一去何当求。羡君渊源得所自，结交道义相追游。个中有路傥深造，直与古人为辈流。"只计较蝇头小利的得失，无形中已把自己置于蛮触交争的境地，而时间并不会因为某一个人的喜怒哀乐而停滞，眨眼间岁月已蹉跎，所有的争斗其实都是镜花水月，生命只在呼吸间罢了。

秋兴最宜长

西晋时，张翰被齐王司马冏任命为东曹象，身在洛阳。某日，张翰见刮起东风，不禁思念家乡的莼菜羹、鲈鱼脍，感叹道："人生最难的是过得舒心，何必为了官爵而漂泊在千里之外呢？"于是张翰作了一首《思吴江歌》："秋风起兮木叶飞（或作'秋风起兮佳景时'），吴江水兮鲈正肥。三千里兮家未归，恨难禁兮仰天悲（或作'恨难得兮仰天悲'）。"随后，张翰辞官归乡。不久，司马冏参与八王之乱，后因擅权为司马乂所杀，诛连甚重，世人都佩服张翰有先见之明。这件事在《晋书·文苑列传·张翰》及《世说新语·识鉴》中都有记述，并为后世留下"莼鲈之思"一典。

张翰是否见微知著，懂得及时避开祸事，我们不可确知。但他思念家乡美味则一点不假。为什么莼菜羹、鲈鱼脍的滋味就足以令他去职还乡？这种又名露葵、水葵、薄菜、茆菜或凫葵的睡莲科植物有什么特别之处呢？我们不妨从《山家清供·玉带羹》篇管窥一斑："春访赵莼湖璧，茅行泽雍亦在焉。论诗把酒及夜，无可供者。湖曰：'吾有镜湖之莼。'泽曰：'雍有稽山之笋。'仆笑：'可有一杯羹矣！'乃命疱作玉带羹，以笋似玉、莼似带也……"林洪曾于某个春日去拜访赵璧，正好茅雍也在，几个人饮酒论诗好不畅快。夜幕降临，三人依旧兴致勃勃，但桌上已经没有可下酒的菜。赵璧说："我有镜湖出产的莼菜。"茅雍说："我有稽山出产的竹笋。"林洪听了大笑道："这就可以做一道羹菜了。"于是赵璧命仆人用莼菜和竹笋烹制了一道羹，因羹中一片片竹笋似白玉，一根根莼菜似丝带，因此这道菜就被命名为"玉带羹"。

本篇中涉及的人物——赵璧、茅雍几乎不见于史典。约生于南宋淳熙年间的诗僧释元肇曾有《次赵莼湖饱看风雨楼韵》诗，或为赵璧而作。故事主题"玉带羹"的配料之一，便是莼菜。莼菜多见于南方水泽，叶椭圆形，浮生于水面。赵璧所言镜湖的莼菜，在贺知章诗句"镜湖莼菜乱如丝，乡曲近来佳此味"中也有提及。北魏贾思勰撰《齐民要术》中说，四月时的莼菜叶子卷得很紧，形状尖削，称"雉尾莼"；到五六月间，莼菜叶片舒展，形状似丝，并分泌黏液，名"丝莼";其后直至入秋，莼菜叶中往往卷入小虫，不宜食用；待十月之后，虫子经受不住寒冷而被冻死，此时的莼菜已老，叶片两头卷起，称"环莼"。

莼菜味甘，利小便。《医林纂要》中记：莼菜可"除烦，解热，消痰"；但因其为水草，性寒，不益脾，多吃还会伤胃，并引起胀气。据说西湖所产莼菜为最佳。在唐人段成式的眼中，以莼菜为主料的汤是"羹之绝美"。莼菜与鲫鱼同煮做的羹，嫩滑、鲜美，几乎可称羹中之王者了。

人类食用莼菜的历史可追溯至约三千年前。《诗经·鲁颂·泮水》中"思乐泮水，薄采其茆"，描写的便是一双轻盈的手，在水中熟练采撷莼菜的情景。《世语新说·言语》中记，陆机去拜访司徒王浑之子王济，王济身前放着数斛羊乳酪。他得意地指着那些奶酪问陆机："你们江南那边有什么美味，可以与它媲美吗？"陆机回答："我们那儿用千里湖出产的莼菜制成的羹，不需要加盐和豆豉就与奶酪不相上下。"言外之意就是，莼菜羹若稍加调味，就会比奶酪味道鲜美。后世盛赞莼菜羹之佳句，有唐元稹的"莼菜银丝嫩，鲈鱼雪片肥"，岑参的"鲈脍剩堪忆，莼羹殊可餐"，宋苏东坡的"若问三吴胜事，不惟千里莼羹"。在《山家清供·玉带羹》篇中所记莼菜的做法是与竹笋相配。后世另有做法是再加一味香菇，即将香菇、冬笋分别切成细丝后放在清水中煮，待水沸腾后加入漂净的莼菜，再撒入少量盐，稍后便可出锅，滴上少许芝麻油，便是令无数先贤食指大动的莼菜羹。除此之外，单将焯过的莼菜沥干水分，附以葱、姜、蒜末，加盐、芝麻油搅拌均匀，也是健脾开胃的一道佳肴。

莼菜往往与鱼搭配。《齐民要术》中记有"脍鱼莼羹"的做法，即"丝莼、环莼，悉长用不切。鱼、莼等并冷水下"，辅料为盐和豆豉，"下菜、豉盐悉不得搅，搅则鱼、莼碎，令羹浊而不能好"。同篇随即摘录《食经》中莼羹的做法："鱼长二寸，唯莼不切。鲤鱼，冷水入莼；白鱼，冷水入莼，沸入鱼与咸豉。又云：鱼长二寸，广二寸半。又云：莼细择，以汤沙之。中破鲤鱼，邪截令薄，准广二寸，横尽也，鱼半体。煮三沸，浑下莼与豉汁渍盐。"从"脍鱼莼羹"这一菜名，可推知鱼肉需加工成细丝，而后面的"莼羹"则选用了鱼块，且需要注意莼菜下锅时的火候。

《山家清供》中还提及莼菜的，是《锦带羹》篇。"锦带羹"的原料，是一种叫文官花的忍冬科落叶灌木。文官花俗称五色海棠，又称锦带花、海仙花。据说，文官花得名是因为在贡院周围"有花，初开白，次绿，次绯，次紫"，类似文官的朝服颜色。杨万里有《红锦带花》诗："天女风梭织绵机，碧丝池上茜栾枝。何曾系住春归脚，只解萦长客恨眉。节节生花花点点，茸茸洒日日迟迟。后园初夏无题目，小枝微芳也得诗。"清陈淏子辑所撰园艺专著《花镜》中，称文官花"一树常开三色，有类海棠，植于屏篱间，颇堪点缀"。

在《锦带羹》篇中，林洪对锦带花的评价是"花生如锦"。接着他指出采锦带花的最佳时机为"叶始生"，因其"柔脆可羹"。其中当然还有他的亲身经历："仆居山时，固有羹此花者，其味亦不恶。"他曾经喝过用文官花所做成的羹，味道还不错。随即，林洪把话题转到了莼菜身上，他以杜甫诗中"香闻锦带羹"一句为例，推断杜甫笔下的锦带是莼菜。因为只有莼菜才有弯曲缠绕"萦纡如带"的形态。"香闻锦带羹"上一句为"滑忆雕胡饭"。有一种水生植物"菰"，其果实叫"菰米"，也就是雕胡，而不能抽穗的"菰"茎部不断膨大，变成纺锤形，就成了同样可以食用的茭白。林洪认为"莼与菰同生水滨"，因此断定杜甫所提到的锦带不是锦带花。因为杜甫一度"卧病江阁"，特别想吃雕胡饭、莼菜羹，这与张翰看到秋风起，就怀念家乡的莼菜与鲈鱼是一个道理。林洪叙述此部分内容时，并没有停留在精神层面，而是找出医书做根据，"按《本草》：莼鲈同羹，可以下气止呕"。张翰身处异乡时"意气抑郁，随事呕逆"，即胸中郁闷，心情怅惘，自是需要通过食补来顺顺气。

张翰自言"人生贵得适意尔，何能羁宦数千里以要名爵"，引得无数人猜想他有观一叶而知秋的眼光。苏东坡在其诗作《戏书吴江三贤画像》中，将张翰的急流勇退简单化地表达出来："浮世功劳食与眠，季鹰真得水中仙。不须更说知机早，直为鲈鱼也自贤。"其实，何必把张翰的举动看成城府颇深的"知机"呢？只需相信张翰的确因美食而产生思乡之情就好了，毕竟功名利禄都是浮世烟云，真正每天都离不开的事情，无非"食与眠"，而众生有的蝇营狗苟，有的忙忙碌碌，也只是为了"食与眠"罢了。

自古以来，不能及时抽身而遭致祸患的例子并不少见。范蠡劝诫文种："飞鸟尽，良弓藏；狡兔死，走狗烹。越王为人长颈鸟喙，可与共患难，不可与共安乐。子何不去？"文种的迟疑最终给自己带来杀身之祸。而范蠡则泛舟五湖，后成为富甲一方的人物。汉初三杰张良、萧何、韩信，只有"运筹策帷帐之中，决胜千里之外"的张良归隐修道，无惊无险，得以善终。秦相李斯屈从于赵高，扶植胡亥登位，结果不久也被构陷并腰斩于市。临刑前李斯悲伤地对儿子说："现在想跟你一起牵着黄狗出上蔡东门追猎野兔，也是不可能的了。"西晋陆机受成都王司马颖之命带兵讨伐长沙王司马乂，结果损兵折将，大败而归。卢志趁机诬陷陆机与司马乂有私，陆机因而被处斩。即将行刑时，陆机长叹："华亭那里鹤鸣的声音，还能再听到吗？"

《庄子·秋水》中，庄子回绝楚王请他出仕的要求，以一只被杀的三千岁神龟为例，反问楚王派来的大夫：这神龟是喜欢自己的尸骨被人们用竹箱装着，上面覆以巾饰，珍藏在宗庙里呢？还是宁愿拖着尾巴在泥水里自由生活呢？既然不能像庄子一样超然物外，那么，在扼腕与慨叹"黄犬东门事已非，华亭鹤唳漫思归；直须死后方回首，谁肯生前便拂衣"之余，不如就像张翰那样因思念家乡的莼菜羹而辞归乡里吧！张翰此举蕴含的何尝不是一种"事了拂衣去，深藏功与名"的大智慧呢？

何可一日无此君

  《世说新语·任诞》记有这样一则故事："王子猷尝寄人空宅住，便令种竹。或问：'暂住何烦尔？'王啸咏良久，直指竹曰：'何可一日无此君？'"王子猷即王徽之，在东晋王羲之七子中排行第五，王徽之与其弟王献之均以书法名冠当世。关于王徽之的逸闻不少，其中脍炙人口的颇多：如雪夜访戴逵，至其门兴尽，不入而返；路遇桓伊，在不认识他的情况下请他为自己吹笛一曲；在弟弟灵前鼓琴，悲叹人琴俱亡，等等。《诗经·卫风·淇奥》中"瞻彼淇奥，绿竹猗猗"之句，便已将竹与君子相提并论。王徽之以"君"称竹，恐是表述竹清秀俊逸的外形下，亦有"群居不倚，独立不惧"的精神。这种品格，令竹在"四君子"梅兰竹菊、"岁寒三友"松竹梅中均有一席之地，更为古今名士所推崇。

[宋] 赵 佶 梅竹聚禽图
台北故宫博物院 藏

宋苏东坡曾为潜县僧人慧觉所住寂照寺旁的绿竹作诗曰："可使食无肉，不可居无竹。无肉令人瘦，无竹令人俗。人瘦尚可肥，士俗不可医。旁人笑此言，似高还似痴。若对此君仍大嚼，世间那有扬州鹤？"在文士隐者的山居生活中，竹除了可以欣赏，还是一道必不可少的食物。当然，可作为食物的"竹"指的是其嫩肥短壮的芽——竹笋。竹笋又写作竹笋，有竹萌、竹芽、竹胎等别名，味甘，性微寒，具滋阴凉血、清热益气等功效。据采挖季节不同，笋可分为冬笋、春笋。从前山中修道者便将竹笋视为珍贵的辅食，如《云笈七签·内丹》中记："服日月之精华者，欲得常食竹笋。"《山家清供》中，自是少不了竹笋的身影：在《石榴粉》篇后，另附有一味"银丝羹"——即把熟笋切成细丝，和上绿豆粉拌匀，放入鸡汤内煮。

食笋重在保持其原味，《山家清供·傍林鲜》篇中介绍食物烧制方法的，只寥寥数句："夏初，林笋盛时，扫叶就竹边煨熟，其味甚鲜，名曰'傍林鲜'。"这种食笋法当真是地地道道、原汁原味，以林中落叶生火，将竹笋置于火堆余烬中慢慢"煨熟"，剥开竹笋外皮，热气伴着清香扑面而来。在幽静的竹林中，手捧着热气腾腾的竹笋，不正是山林乐趣之所在吗？

介绍了这种质朴的食笋之法后，林洪随即讲了一则北宋画家文同的轶事。文同字与可，号笑笑居士、笑笑先生，人称石室先生。其表弟苏东坡盛赞他诗、词、画、草书四绝。《宋史》称文同"善诗、文、篆、隶、行、草、飞白"。文同以画墨竹绝佳闻名，米芾有言"以墨深为面，淡为背，自与可始也"。文同任洋州太守时，迷醉于漫山满谷的竹林。某日中午，文同正与妻子就着煨好的竹笋吃饭时，仆从送来苏东坡书信，信中附诗云："汉川修竹贱如蓬，斤斧何曾赦箨龙。料得清贫馋太守，渭滨千亩在胸中。"文同看到这首诗的反应，是"不觉喷饭满案"。为什么他会做此反应呢？原来诗中"箨龙"代指竹笋。宋陈元靓《事林广记续集·绮谈市语果菜门》中记："笋，箨龙。"唐卢仝《寄男抱孙》诗："丁宁嘱讬汝，汝活箨龙不？"宋杨万里《新竹》诗："半脱锦衣犹半着，箨龙未信没春寒。"宋苏东坡《喜雨》诗："时向林间数新竹，箨龙腾上欲迎秋。"明李东阳《悼竹》诗："初疑凤羽堕当空，更讶箨龙身在陆。"以上这些诗句中均用箨龙指代竹笋。"渭滨千亩"一典出自《史记·货殖列传》中"渭川千亩竹，其人与千户侯等"。苏东坡借此与表兄开玩笑，说馋嘴太守之所以清贫，是因为把千户侯的财产全部吞下肚了。

如果说能读懂苏东坡的人是认为苏东坡"一肚皮

不入时宜"的侍妾王朝云，那么，明白文同的人，就是让文同由衷感叹"世无知己者，唯子瞻识吾妙处"的苏东坡了。

据说三国时，江夏人孟宗的母亲喜食竹笋，某年冬天，孟宗入竹林中遍寻竹笋而不获，心急如焚，抱竹哀叹，其孝行感动天地，数株竹笋破土而出，这个故事也因此成为"二十四孝故事"之一。

《傍林鲜》篇中记文同煨笋是预备与家人做午饭，且只摘记诗文后两句，最后一句写作"渭川千亩在胸中"。接着，林洪颇有感慨，说："大凡笋，贵甘鲜，不当与肉为友。今俗庖多杂以肉，不才有小人便坏君子。'若对此君成大嚼，世间哪有扬州鹤'，东坡之意微矣。"竹笋本身清香甘甜，对君子来说，并不适于与肉类同烧，偏偏有不少厨子自以为是，要在竹笋中混进很多肉，真是暴殄天物啊！诗中"扬州鹤"所指为何呢？南朝梁殷芸《小说》卷六中有一则笑话：有几个人聚在一起聊天，谈起各自愿望时，一个希望能做扬州刺史，另一个想要赚钱发财，还有人祈愿修道圆满，驾鹤升仙，最后一人则说，自己要"腰缠十万贯，骑鹤上扬州"。最后说的那个人希望得到前面几人所言的所有好处，自然是痴心妄想。

但林洪并不认为竹笋与肉类绝对不能一起烹制，

在他看来，只要不失去竹笋的本来味道，就不算糟蹋、亵渎了竹笋。同时，林洪给自己收录的与竹笋有关的菜肴都起了别致的名字，比如"煿金煮玉"这道菜，用这四个字，顿时将竹笋装点得高端大气。这道菜是选用鲜嫩的竹笋，在掺好调味料的面糊中蘸匀，使其表面挂着一层薄薄的面浆，然后放入热油锅中炸，并不停翻动，让它各个面都呈现出诱人的金黄色。吃时口味香脆，这便可称"煿金"。而"煮玉"是因为林洪忆起自己从前在莫干山游玩时，在霍正夫家中留宿，霍正夫为林洪准备的早饭，是在米粥初沸时加入切成方片的竹笋，林洪觉得粥的味道极佳，认为霍正夫的这种做法才是真正保持了竹笋的鲜味。洁白的米粥中，翻滚着片片鲜笋，也只有"煮玉"才当得起这样纯美的珍味了。

关于霍正夫的生平，史籍中鲜有记述。《煿金煮玉》篇末，林洪称他为尊贵人家，因此霍正夫喜吃这种山林之味，让林洪觉得很奇怪。《全宋诗》中收有霍正夫的诗作《大涤洞天留题》："长虹舞涧石磷磷，胜践还怜雨送春。云木千章森翠幄，洞天九锁绝红尘。丹藏仙谷生奇箬，香到龙祠泽旱民。山有旧盟来更好，斋心恭对玉晨真。"诗意中尽显超脱世外之心。

结尾，林洪记下济颠和尚的两句诗"拖油盘内煿黄金，和米钽中煮白玉"，并评价说"二者兼得之矣"。

能"二者兼得"的这个人，着实颇有来头：他俗姓李，本名修元，天台人氏。十八岁时投灵隐寺为僧，法名道济，因其不守戒律，游行于市井，故人称"济颠僧"。后居净慈寺。民间流传着许多他惩恶扬善、济世救人的故事，因此百姓尊称他为"济公"。

林洪对竹笋的珍爱，可从他把嫩笋、小蕈与枸杞头并称"山家三脆"中窥见一斑，他还专以一篇《山家三脆》介绍三种食材一同烹制的简易方法，即在加盐的开水中焯熟，沥出，加少许香油、胡椒、盐、酱油、醋，搅拌均匀后食用。这道"山家三脆"，"赵竹溪（密夫）酷嗜此"。一个"酷"字，表现出赵密夫的确极爱吃这道菜。赵密夫是宋太祖赵匡胤四弟赵廷美八世孙，宋理宗绍定年间进士。他曾将这几种食材加入面片汤，进奉父母，并为此汤面取名为"三脆面"，还写诗曰："笋蕈初萌杞采纤，燃松自煮供亲严。人间玉食何曾鄙，自是山林滋味甜。"

蕈可泛指生长于林间、草地的伞状菌类，《胜肉饟》篇同样以菌类与竹笋搭配制作美味。因蕈类有些可食用，有些则有毒，故需要先确认无毒才可食用。本篇即描述了一种简便易行的检验蕈是否有毒的方法："姜数片同煮，色不变，可食矣。"胜肉饟的做法是将蘑菇和笋用沸水焯过，剁碎，加入松子仁、核桃仁，再用油、酱、香料调味，最后包进面里。吃时，必定是需要再煮熟的。馂想来可能是一种饺子。明刘绩撰《霏雪录》中记有一则故事：宋高宗某次吃馄饨时，发现里面不熟，一怒之下让大理寺判该厨师下狱。几名优伶有心替厨师开脱，便在为宋高宗演戏时扮作两个士人相遇，互问年庚，一个说自己是甲子年生，另一个则说自己是丙子年生。旁边抖包袱的优伶斥责说："你们俩都该被关进大牢！"那两个人忙慌慌张张地问原因，抖包袱的优伶说："夹（馂）子也生，丙（饼）子也生，不正应该和馄饨不熟同罪吗？"宋高宗听了哈哈大笑，于是传旨放了被关的厨师。

亦有版本在《胜肉馂》篇标题边注明"玉蕈、潭笋尤佳"。沈云将《食纂》中说"猫竹冬生笋，不出土者名冬笋，又名潭笋"，李时珍《本草纲目》中则有"玉蕈，初寒时生，洁皙可爱，作羹微韧。俗名寒蒲蕈"的记述，可见冬笋与玉蕈搭配，可谓山珍之珍。

除与蘑菇搭配外，竹笋与蕨菜的组合也颇具特色。如《山海兜》一篇所记，便是取春天的嫩笋、嫩蕨菜，以沸水焯过后备用；另把切好的鱼虾焯过后大火蒸熟，并加入酱油、香油、盐和胡椒粉，然后将嫩笋、蕨菜与鱼虾混在一起，再加入绿豆粉皮拌匀，滴少许醋。

在林洪生活的时代，这道菜属于皇家菜之一，因"后苑多进此"，所以名字也很气派，叫"虾鱼笋蕨兜"。林洪觉得这些出自不同地方的食材居然搭配在一起，令人有些匪夷所思，便将其命名为"山海兜"。

尽管与鱼虾搭配在一起颇为美味，林洪还是倾向于在烹制嫩笋和蕨菜时保持其原有风貌，因此推荐"即羹以笋、蕨"。由嫩笋和蕨菜做成的汤也颇令诗家垂涎。宋理宗嘉熙年间隐居于秦溪的许棐，曾作诗曰："趁得山家笋蕨春，借厨烹煮自吹薪。倩谁分我杯羹去，寄与中朝食肉人。"

笋与蕨还可以做成馄饨馅儿，具体步骤是采摘鲜嫩的笋和蕨菜，各自放在沸水中焯，再加上酱、香料、油拌匀，最后包成馄饨。具体味道如何，林洪在《笋蕨馄饨》篇中并没有细述，但他回忆起从前在江西林谷梅家经常吃这种馄饨。那时，他们坐在古香亭，将川芎、菊苗和山茶花混进茶中，既有自然的馨香，又有脱俗的惬意。对其中"采芎菊苗荐茶，对玉茗花，真佳适也"一句里的芎菊，有人认为它是一种植物。采摘一些芎菊苗掺到茶里，边赏花边饮茶，同样有一种神游物外的清雅。

玉茗花即白山茶花，又名玉仙花。曾在吴越国为相的崔仁冀在《玉茗花赋》序中说，从前看见前任太守周申甫吟咏赞美这种花的诗作，还觉得言过其实，但当花朵满树绽放时，当真是一朵朵犹如美玉雕琢般，方才明白周申甫并没有夸大白山茶花之美。文士喜白山茶，因其具清幽淡雅、绝世独立之风。陆游《眉州郡燕大醉中间道驰出城宿石佛院》诗中，即有"钗头玉茗妙天下，琼花一树真虚名"之句，并自注："坐中见白山茶，格韵高绝。"赵汝燧《和林守玉茗花韵》："园名金栀多奇卉，古干灵根独异常。耻与春花争俗艳，故将雪质对韶光。天葩巧削昆山片，露蕊疑含建水香。当为君侯好封植，角弓三叹誓无忘。"其中将白山茶花的朴素之美描绘得活灵活现。对白山茶情有独钟的，要数明代的汤显祖，他辞官归乡后，居所旁就植有白山茶，书斋亦以"玉茗堂"命名，自号"玉茗先生"，并作有"四海一株今玉茗，归休长此忆琼姬""玉茗家开春翠屏，新词传唱《牡丹亭》"等诗句；其代表作《牡丹亭》《紫钗记》《邯郸记》《南柯记》四剧更是并称"玉茗堂四梦"。传说，汤显祖居处的白山茶树高大繁茂，但不见开花，而在"《牡丹亭》初成，召伶人演之"那天，满树白山茶花纷纷绽放，自此，那白山茶树便每年都会开花。对这一传说的真实性尚无确切考据，但汤显祖在白山茶树旁写作，与林洪在白山茶树边饮茶时，恬淡舒适的心情可能是一样的。

文士爱竹，因其"无色无香，独妙于韵"。"瞻彼淇奥，绿竹猗猗"，则以竹之风格喻君子品性。但"香色易知而韵难知，宜赏韵者鲜矣"，由此也可看出君子的珍贵。如此说来，"既见君子，云胡不喜"，看到竹子，还有什么不高兴的呢？

饼·粹

荞熟油新作饼香

　　春秋时期，麦类作物已经成为黄河流域先民们重要的食物原料之一，且已经被有意培育为春麦和冬麦。《诗经·周颂·思文》有"贻我来牟，帝命率育"之句。东汉许慎《说文解字》释"来"为，"周所受瑞麦来牟。二麦一缝，象其芒束之形"。按朱熹注，来为小麦，牟为大麦。《孟子·告子上》记："今夫牟麦，播种而耰之，其地同，树之时又同，浡然而生，至於日至之时，皆孰矣。"赵岐注："牟麦，大麦也。"《吕氏春秋·士容论·任地》中记"孟夏之昔，杀三叶而获大麦"。可见春秋时期，大麦、小麦已然泾渭分明。无论大麦还是小麦，食用方法与其他谷物都差不多。

　　西汉史游《急就篇》中有"稻黍秫稷粟麻秔，饼饵麦饭甘豆羹"之句，唐颜师古注曰："麦饭，磨麦合皮而炊之也；甘豆羹，以洮米泔和小豆而煮之也；

一曰以小豆为羹，不以醯酢，其味纯甘，故曰甘豆羹也。麦饭豆羹皆野人农夫之食耳。"《后汉书·冯异传》中记："及至南宫，遇大风雨，光武引车入道傍空舍。异抱薪，邓禹热火。光武对灶燎衣，异复进麦饭菟肩。"说的便是汉光武帝刘秀带领诸将征战时，冯异为刘秀献上麦饭解饥一事。《太平御览·职官部六十·良太守下》中记东汉末年，位列"建安七子"之一的孔融为北海相时，治下有子民因母亲生病，思食新麦，但家中没有，便"盗邻人熟麦而进之"，孔融知道后，并没有责罚这个人，反因其孝行对他进行了奖赏。因为新麦麦粒刚刚灌足浆，若用来熬粥煮饭，自然有特别的甘润鲜香。

有人认为，汉代时为百姓主要日常饮食的麦饭，到了唐代已经沦为"野人农夫之食"，这种说法自然有些夸张。后世诗家留有不少盛赞麦饭的词句，如宋苏轼《和子由送将官梁左藏仲通》："城西忽报故人来，急扫风轩炊麦饭。"宋陆游《戏咏村居》之一："日长处处莺声美，岁乐家家麦饭香。"宋赵鼎《寒食》："汉寝唐陵无麦饭，山溪野径有梨花。"元黄石翁《寒食客中》："南陵不可避风雨，麦饭如何托子孙。"明高启《穆陵行》："起辇谷前马蹄散，白草无人浇麦饭。"但麦饭为"野人农夫之食"也并非虚妄之说，安史之乱时，安禄山叛军于唐玄宗天宝十五载（756）进犯长安，唐玄宗仓皇出逃至蜀地。《资治通鉴·唐纪》中记，唐玄宗一干人途经咸阳时饥肠辘辘，"于是民争献粝饭，杂以麦豆；皇孙辈争以手掬食之，须臾而尽，犹未能饱"。这几句话一方面表现出了皇族的狼狈情形，另一方面也侧面说明"粝饭"便是社会底层百姓"杂以麦豆"的日常饮食。

麦饭变成"野人农夫之食"，主要原因在于出现了为今人所熟知的面。面是由麦精加工后形成的。据考古发现，距今七千多年前，已经有石碾盘、碾棒等用于加工谷物，但主要用来碾压脱壳。西周时谷物蒸煮后再经杵臼春捣的"糗"，即是为了能长期存放和便于携带而制成的干粮。春秋时石磨已经出现并应用，主要用于把掺水后的谷物磨制成流质的，或者加工豆类成浆。真正可考的小麦制粉，当在西汉中期，而小麦制粉用水调和揉制后加工成的熟食又统称为饼。东汉刘熙《释名·释饮食》记："饼者，并也，溲面使合并也。"还列出胡饼、蒸饼、汤饼、蝎饼、髓饼、金饼、索饼诸多品种。《太平御览》卷八六〇引《续汉书》云："灵帝好胡饼，京师皆食胡饼。后董卓拥胡兵破京师之应。"东汉崔寔《四民月令》记："五月，阴气入脏，腹中寒不能腻。先后日至各十日，薄荷味，毋多肥浓，距立秋毋食煮饼及水溲饼。"他觉得在农历五月到立秋这段时间，吃水煮面和未曾发酵的面饼对健康无益。由此不难看出，当时的面食已经有发酵与否的区别。

清版《四民月令》中另记有对煮饼及水溲饼的注解："夏月食水时，此二饼得水，即坚强难消。不幸便为宿食伤寒病矣。试以此二饼置水中，即可验。唯酒引饼入水即烂矣。"这可以认为是利用酒酵发面的记录。而北魏贾思勰《齐民要术·饼法第八十二》中录北魏崔浩《食经》语"作饼酵法：酸浆一斗，煎取七升；用粳米一升着浆，迟下火，如作粥……六月时，溲一石面，着二升；冬时，着四升作"。将一斗酸浆熬煮至余下七升时，投入一升粳米，小火煮成粥。在农历六月，两升这种粥可以用来和面一石，因为冬天寒冷的缘故，需要四升粥才可以和一石面。

西晋愍帝司马邺即位后，改元建兴。建兴四年（316）八月，前赵刘曜攻打长安，并切断长安的粮道，长安城中因而爆发饥荒。《晋书·食货志》记："刘曜陈兵，内外断绝，十饼之曲，屑而供帝，君臣相顾，莫不挥涕。"同样的场景也见于《晋书·帝纪第五》中："冬十月，京师饥甚，米斗金二两，人相食，死者太半。太仓有曲数饼，麴允屑为粥以供帝，至是复尽。"

《资治通鉴·晋纪十一》中亦记有此类场景："曜攻陷长安外城，麹允、索綝退守小城以自固。内外断绝，城中饥甚，米斗直金二两，人相食，死者太半，亡逃不可制，唯凉州义众千人，守死不移。太仓有麹数十饼，麹允屑之为粥以供帝，既而亦尽。"当时长安城里出现了人吃人的惨剧，重臣麹允将太仓中风干的面酵团碾碎熬粥给晋愍帝喝。最终晋愍帝开城投降，西晋灭亡。由这段凄凉的史实中，我们也不难看出用酵面发酵，在当时已被广泛采用。

麦子磨粉及发酵工艺的发展、成熟，使面食成为后世的主要饮食。《山家清供》中也记有《寒具》《真汤饼》《酥琼叶》《椿根馄饨》《笋蕨馄饨》等数例典范面食。

《寒具》篇文为："晋桓玄喜陈书画，客有食寒具不濯手，而执书籍者，偶污之，后不设寒具。此必用油蜜者。《要术》并《食经》皆只曰环饼，世疑徽子也，或云巧夕酥蜜食也。杜甫十月一日乃有'粔籹作人情'之句，《广记》则载寒食事中。三者皆可疑。及考朱氏注《楚词》粔籹蜜饵，有餦餭些，谓以米面煎熬作寒具是也。以是知《楚词》一句，自是三品：粔籹乃蜜面之干者，十月开炉饼也；蜜饵乃蜜面少润者，七夕蜜食也；餦餭乃寒食寒具，无可疑者。闽人会姻名煎铺，以糯粉和面油煎，沃以糖食之，不濯手，则能污物，且可留月余，宜禁烟用也。吾翁和靖先生《山中寒食》诗乃云：'方塘波绿杜蘅青，布谷提壶已足听。有客初尝寒具罢，据梧慵复散幽经。'吾翁读天下书，攻愧先生且服其和琉璃堂应事，信乎此为寒食具矣。"

篇首讲述东晋权臣桓玄喜好将书画陈列于堂上，某来客吃过寒具后没有洗手就拿起书来看，弄污了书页，因而桓玄待客的点心中便去掉了"寒具"。林洪断定，那时的寒具，必定是油炸食品，且其中混有蜜糖。《晋书·列传第六十九》记："桓玄，字敬道，一名灵宝，大司马温之孽子也。其母马氏尝与同辈夜坐，于月下见流星坠铜盆水中，忽如二寸火珠，冏然明净，竞以瓢接取，马氏得而吞之，若有感，遂有娠。及生玄，有光照室，占者奇之，故小名灵宝。"桓玄的母亲吞下流星而孕育了桓玄，桓玄出生时也有异象显现，卜者觉得他来历不凡，故而桓玄被起了个小名"灵宝"。同篇中尚记桓玄"性贪鄙，好奇异，尤爱宝物，珠玉不离于手。人士有法书好画及佳园宅者，悉欲归己，犹难逼夺之，皆蒲博而取"。但凡有什么珍奇之物，必定不择手段据为己有，从林洪简言桓玄"喜陈书画"，也能推断出桓玄的张扬。偏偏有这不拘小节的来客，弄污了桓玄的藏品，起因就是吃了这油炸的面点。唐张彦远《历代名画记·论鉴识收藏购求阅玩》中记：
"昔桓玄爱重图书，每示宾客。客有非好事者正飡寒具（按：寒具，即今之环饼，以酥油煮之，遂污物也），以手捉书画，大点污。玄惋惜移时。自后每出法书，辄令洗手。"这段文字记录的便是这一节。苏东坡《次韵米黻二王书跋尾二首·其一》中"怪君何处得此本，上有桓玄寒具油"两句，引用的即是此典。

《齐民要术·饼法》记："膏环：用秫稻米屑，水、蜜溲之，强泽如汤饼面。手搦团，可长八寸许，屈令两头相就，膏油煮之。""细环饼、截饼：皆须以蜜调水溲面；若无蜜，煮枣取汁；牛羊脂膏亦得；用牛羊乳亦好，令饼美脆。截饼纯用乳溲者，入口即碎，脆如凌雪。"朱熹《楚辞集注》认为，屈原《楚辞·招魂》中"粔籹蜜饵，有餦餭兮"之句的"餦餭"，便是寒具："'粔籹'，环饼也。吴谓之膏环，亦谓之寒具。以蜜和米面煎熬作之。"林洪也认为餦餭、膏环、细环饼几种其实就是一种东西，即寒食节的传统食物——馓子。

寒食节以冷食为食俗，晋陆翙《邺中记》中记："寒食三日作醴酪。"南朝梁宗懔《荆楚岁时记》载："去冬节一百五日，即有疾风甚雨，谓之寒食。禁火三日，造饧大麦粥。"林洪在《寒具》篇详细记述道，闽地之人在姻亲聚会时总要炸甜食分吃，这种甜食主料是

玉糝羹

東坡一夕與子由飲酣甚捶蘆菔爛煮不用他
料只研白米為糝食之忽放箸撫几曰若非天
竺酥酡人間決無此味

百合麵

春秋仲月採百合根曝乾搗篩和麵作湯餅最
益血氣又蒸熟可以佐酒歲時廣記二月種法
宜雞糞化書山蚯化為百合乃宜雞糞豈物類
之相感耶

糯米粉掺麦面，待油炸后再浇上糖。吃过这种甜食，若是不洗手就可能污了其他物事。此种甜食可以存放一个多月都不变质，适宜在寒食节食用。他的先祖林和靖先生曾写有《山中寒食》一诗："方塘波静杜蘅青，布谷提壶已足听。有客初尝寒具罢，据梧慵复散幽经。"既然饱读诗书的先祖说寒具是寒食节时所吃的食品，林洪就推断此说不会有错。

两宋之交的庄绰在《鸡肋编》中记："食物中有馓子，又名环饼，或曰即古之寒具也。"如此，则明言寒具即为馓子。其后，庄绰还讲了一则故事：当时一个挑担卖馓子的小贩为了招揽生意，故意不吆喝自己卖的是什么，只是长叹着大声喊："唉！要亏就亏了吧！"如此自然吸引来往行人购买。偏偏那时宋哲宗在宠妃刘婕妤、内侍郝随、佞臣章惇等人鼓动下降诏废后，将孟皇后贬至瑶华宫居住，而卖馓子的小贩每每到瑶华宫宫墙外，照例要吆喝几声。开封府衙担心有人故意说这话是为孟皇后喊冤，就将小贩捉拿，杖责一百。此后，这小贩的广告语便改成了："让我放下挑子歇会儿。"知道这件事的人无不掩口暗笑，不过更愿意去买这小贩的馓子了。同书中还记有苏轼被贬儋州（今属海南）时，虽然生活条件如其在《与侄孙元老书》一文中所云"海南连岁不熟，饮食百物艰难"，但他仍旧以"此心安处是吾乡"的心态豁达、潇洒地生活。邻居有以卖馓子为业的老妇，几次恳请苏东坡为她写首诗，苏东坡遂作诗云"纤手搓来玉色匀，碧油煎出嫩黄深。夜来春睡知轻重？压匾佳人缠臂金"，着重强调馓子诱人的颜色。李时珍还将馓子以"寒具"之名收入药典。据《本草纲目·谷部四·寒具》记："时珍曰：寒具，冬春可留数月，及寒食禁烟用之，故名寒具。捻头，捻其头也。环饼，象环钏形也。""林洪《清供》云：寒具，捻头也。以糯粉和面，麻油煎成，以糖食之。可留月余，宜禁烟用。观此，则寒具即今馓子也。以糯粉和面，入少盐，牵索纽捻成环钏之形，油煎食之。"

馓子制作起来并不难，以温水和面，将揉好的面团搓成细圆条，呈圆圈状放在油盆里，稍加饧发，再缠绕于手掌上，拉长变细后放入滚沸油锅，炸至色泽金黄时捞起，沥干。若是把饧发好的生面切段，每段的两头接起再拧成股，入油锅炸好，便是麻花；而接起后的生面段若不拧成股，而是揉成圆环状再下锅去炸，就成环饼了，或许，这就是"寒具"的原本样貌。

《墨子·耕柱》中记有墨子与楚国鲁阳文君的一段对话，其中墨子问话中有"见人之作饼，则还然窃之"之句，可见在相当长一段时间里，"饼"可谓所有面食的统称。宋黄朝英《靖康缃素杂记·汤饼》记："余谓凡以面为食具者，皆谓之饼，故火烧而食者，呼为烧饼；水瀹而食者，呼为汤饼；笼蒸而食者，呼为蒸饼；而馒头谓之笼饼，宜矣。"晋束晳所撰《饼赋》，列出安乾、粔籹、豚耳、狗舌、剑带、案盛、髓烛、曼头、薄壮、牢丸等诸多品种；清蒲松龄《煎饼赋并序》，对此也提出了些许疑问："古面食皆以饼名，盖取面水合并之义。若汤饼、蒸饼、胡饼之属，已见于汉、魏间。至薄溲、薄持、安溲、牢丸，束晳赋及之，然不解其何物。"毕竟经过千余年岁月变迁，很多面食已经不再是当初的名称。就像汤饼，当为水煮面条、面片类食物。《齐民要术·饼法》中记有"水引、馎饦法"，其准备工作是"细绢筛面，以成调肉臛汁，待冷溲之"。之后介绍"水引"，为"挼如箸大，一尺一断，盘中盛水浸，宜以手临铛上，挼令薄如韭叶，逐沸煮"。"馎饦"为"挼如大指许，二寸一断，著水盆中浸，宜以手向盆旁挼使极薄，皆急火逐沸熟煮。非直光白可爱，亦自滑美殊常"。相较而言，水引比馎饦做法上精细得多，其口感、质地也必然更佳。宋吕原明《岁时杂记》记："元旦，京师人家多食索饼，所谓年馎饦，或此之类。"索饼这个名字在东汉刘熙《释名·释饮食》中即有出现，可因此推测，索饼为最晚在东汉时就已经普及的、经手工搓捻而成的长面条。到了宋代，面条已成为元旦时的民俗食物。

宋孙光宪《北梦琐言·卷三》记："王文公凝清修重德，冠绝当时。每就寝息，必叉手而卧，虑梦寐中见先灵也。食馎饦面，不过十八片。"唐时王凝整个家族的人都很注重德行，因而天下闻名。王凝每每吃馎饦面，也只不过吃十八片罢了。宋欧阳修《归田录·卷二》记："汤饼，唐人谓之不托，今俗谓之馎饦矣。"《旧五代史·世袭传一·李茂贞》记："军士有斗而诉者，茂贞曰：'吃令公一碗不托，与尔和解。'遂致上下服之。"唐李匡义《资暇集》中记"至如不托，言旧未有刀机之时，皆掌托烹之。刀机既有，乃云不托。今俗字有'馎饦'，乖之且甚"。这里所言"未有刀机之时"，或为南北朝前后，庖人用手托面，切而煮之的时段。宋程大昌《演繁露·卷十五·不托》篇记："汤饼，一名馎饦，亦名不托。"宋李正文《演繁露·刊误》注解："旧未就刀钴时，皆掌托烹之。刀钴既具，乃云'不托'，言不以掌托也。"由此，馎饦、不托、汤饼这几种说法便统一起来。

由王凝食馎饦以片为单位计数，我们不难理解，馎饦的做法就相当于水煮面片的做法，面须配汤共食。南唐尉迟偓《中朝故事》中记："宰相堂饭，常人多不敢食。郑延昌在相位，一日本厅欲食次，其弟延济来，遂与之同食。延济手擎博铺，及数口，椀自手中坠地，遂中风痹，一夕而卒。"郑延昌身居相位当在唐昭宗朝，这里记述的离奇故事是：他的弟弟郑延济在他午饭前来，偏偏又吃了一般人不敢去吃的宰相级别的公务餐，结果忽然中风，第二天就死了。

唐代汤饼种类繁多。五代刘崇远《金华子》载："沂、密间有一僧，常行井廛间举止无定，如狂如风。邸店之家或有爱惜宝货，若来就觅，即与之；虽是贵物，亦不敢拒。且若舍之，暮必获十倍之利。由是人多爱敬，无不迎之。往往直入人家云：'贫道爱吃脂葱杂面饦，速即煮来。'人家见之，莫不延接。及方就食将半，忽舍起而四顾。忽见粪土或乾驴粪，即手捧投于椀内，自捆其口言曰：'更敢贪嗜美食否？'则食尽而去。然所历之处，必寻有异事。"这来去无踪的狂僧后来为了在洪水中救下一城人的性命，不惜自沉于波涛之中，令人钦敬。其喜食"脂葱杂面饦"这一细节，亦令人印象深刻。

五代陶穀《清异录·馔羞门》中由一道"单笼金乳酥"引出一则轶事，此条后注释："韦巨源拜尚书令，上烧尾食。其家故书中尚有食账，今择奇异者畧记……"后面列出的佳肴中便有一道"生进鸭花汤饼"，韦巨源在武后临朝时入仕，屡经沉浮，三度拜相。唐中宗李显在位时，韦巨源依附韦后，并支持其效仿武后篡夺李唐江山。韦后鸩杀唐中宗，引发唐隆政变，即唐隆元年（710）六月，相王李旦第三子临淄王李隆基和李显之妹太平公主发起的宫变。李隆基率禁军剿杀韦后、安乐公主等，李旦登基为唐睿宗，李隆基被立为皇太子。韦巨源即在这场政变中在街头为乱军所杀。

"烧尾宴"指鲤鱼跃过龙门时，须有天雷击去鱼尾，鲤鱼方可化身成龙。故而也指状元及第或士子升迁时宴请天子或同僚的筵席，据说是韦巨源首创的，这种习俗一直延续到唐玄宗开元年间。在庆贺自己三度拜相的宴席上，韦巨源特地献上一道"生进鸭花汤饼"，并有"厨典入内下汤"，这种汤饼可能是一种做成鸭子形状的薄面片，由大厨现场以沸汤冲泡。想来唐中宗确是喜食汤饼，据载，他被赐杀是因中了韦后母女伙同皇宫御厨在汤饼中下的毒。

"馎饦"之名，唐宋之后并未消失，直至清代仍沿用。蒲松龄《聊斋志异》中即有《杜小雷》《馎饦媪》等篇。前者讲益都人杜小雷尽心侍奉盲母，某日，他在出门前"市肉付妻令作馎饦"，然而妻子却在切肉时"杂蜣螂其中"，盲母吃的时候觉得臭不可闻，就把剩下的藏起来，准备给儿子看。"杜归，问：'馎饦美乎？'母摇首，出示子。"杜小雷大怒，本想责打妻子，又怕惹恼母亲，就躺在床上生闷气，后来他发现妻子久久不上床，起身一看，妻子已经变成了一头猪。

相对于《杜小雷》的劝善、因果主题，《馎饦媪》只能算一则诡异的传奇："韩生居别墅半载，腊尽始返。一夜，妻方卧，闻人行声。视之，炉中煤火，炽耀甚明。见一媪，可八九十，鸡皮橐背，衰发可数。向女曰：'食馎饦否？'女惧，不敢应。"黑夜里，独卧的韩妻听见一阵由远及近的脚步声，随后，炉火不知怎么就亮了，原来是一个八九十岁的驼背老太太正手持火钳往炉中添加柴火。老太太转过身来，一双浑浊的眼睛紧紧盯着韩妻，脸上满是深深的皱纹，脖子上的皮已经干枯松懈得几乎垂下来，头顶仅存的几缕头发被炉火的热气轻轻吹动着。老太太忽然咧开嘴向韩妻笑了笑，幽幽说道："你想吃馎饦吗？"故事当然不会到这里就戛然而止，韩妻哆哆嗦嗦缩在床角不敢言语，老太太自顾自放上锅，烧开水，然后撩起衣襟，从腰间口袋里拿出数十个馎饦下进锅里，馎饦在水中上下沉浮。过了一会儿，老太太发现没有筷子，就出门去找。韩妻趁机起身，也顾不得烫手，把锅里的馎饦尽数倒掉，随后重新回到床上睡觉。老太太回来后，发现锅不见了，便厉声叱责，韩妻于是大声呼叫，惊醒了家中其他人，老太太这才快速离开。大家举着灯火往韩妻倒馎饦的地方一看，发现那些馎饦原来竟是数十只土鳖虫。由这两则故事看，馎饦的名称或许未变，但其原料、做法已经与从前不同，《杜小雷》故事中的馎饦以肉为馅儿，更像饺子、馄饨类食品。也许，汤饼、馎饦原本就有区别，或者地域差别致使其名称一样，但实际上并非同一食物。

《山家清供·真汤饼》篇在林洪的描写下显得禅意十足。其文为："翁瓜圃访凝远居士，话间，命仆：'作真汤饼来。'翁讶曰：'天下安有"假汤饼"？'及见，乃沸汤泡油饼，人一杯耳。翁曰：'如此则汤泡饭，亦得名"真泡饭"乎？'居士曰：'稼穑作甘，苟无胜食气者，则真矣。'"

本篇中的主人公翁卷，字续古，一字灵舒，号瓜圃，柳川人，后迁居永嘉，以诗游士大夫间，生卒年及游历过程几乎不可考。有诗作《苇碧轩集》存世。翁卷与徐照、徐玑、赵师秀并称"永嘉四灵"，他们皆为"晚唐体"诗作代表人物。"晚唐体"诗歌风格推崇贾岛、姚合的清寒野逸之风，讲求推敲字句，自晚唐始，直至两宋。刘克庄《赠翁卷》诗中盛赞翁卷："非止擅

《山家清供》书影

唐风，尤于《选》体工。有时千载事，只在一联中。"翁卷作诗亦奇巧精致、清新淡远。其代表作亦意趣非常。如《乡村四月》："绿遍山原白满川，子规声里雨如烟。乡村四月闲人少，才了蚕桑又插田。"《初晴道中》："初晴残湿在，众树碧光鲜。幽鹭窥泉立，闲童跨犊眠。依山知有寺，过水恨无船。石路是谁作，姓名岩上镌。"《野望》："一天秋色冷晴湾，无数峰峦远近间。闲上山来看野水，忽于水底见青山。"《山雨》："一夜满林霜月白，亦无云气亦无雷。平明忽见溪流急，知是他山落雨来。"

翁卷在史籍中多被认为是隐者，至于他去拜访的凝远居士，其生平、身份等，就更无人知晓。两人说话间，凝远居士命仆从准备"真汤饼"食用。翁卷不解，直到"真汤饼"端上来，方知是用开水冲泡的油饼。翁卷打趣说，若是如此，开水泡饭也可以叫"真泡饭"了。凝远居士遂解释说，饭食中假若没有"胜食气"之物，就可以称为"真"。"胜食气"出自《论语·乡党》篇中"肉虽多，不使胜食气"。"食气"自然是食五谷精华之气，五谷为健康之本，肉类绝不可喧宾夺主。凝远居士此处借典，飘逸之中不免有些做作。但林洪似乎对此深以为然，对这道难以被称为美味，与汤饼也无甚关联的食物详加记录，或许因为他喜欢"真汤饼"中那个"真"字。

与《真汤饼》相比，《酥琼叶》篇所记才算得上真正的佳肴：

> 宿蒸饼，薄切，涂以蜜，或以油，就火上炙，铺纸地上散火气，甚松脆，且止痰化食。杨诚斋诗云："削成琼叶片，嚼作雪花声。"形容尽善矣。

蒸饼到底为何物，说法不一。从史籍记述推断，唐宋间可算蒸饼一分水岭，与馎饦一样，出现名同物异的现象。

《晋书·何曾传》记："厨膳滋味，过于王者。每燕见，不食太官所设，帝辄命取其食。蒸饼上不坼作十字不食。"《太平御览》引《赵录》载东晋十六国时后赵天王石虎"好食蒸饼，常以干枣、胡桃瓤为心蒸之，使坼裂方食"。蒸饼上方坼裂为十字，与后世开花馒头类似。

宋张师正《倦游杂录》记："唐人呼馒头为笼饼，……岂非水瀹而食者皆可呼汤饼，笼蒸而食者皆可呼笼饼？"宋陆游《蔬园杂咏·巢》诗云："昏昏雾雨暗衡茅，儿女随宜治酒肴。便觉此身如在蜀，一盘笼饼是碗巢。"诗后自注："蜀中杂彘肉作巢馒头，佳甚，唐人正谓之笼饼。"《太平广记·卷第二百五十八·嗤鄙一》"侯思正"条记，武后时，侯思正因告发有人叛乱而被授予侍书御史一职。其人行事刻薄严酷，"思正尝命作笼饼，谓膳者曰：'与我作笼饼，可缩葱作。比市笼饼，葱多而肉少。故令缩葱加肉也。'时人号为'缩葱侍御史'。"由此可推知，不少笼饼是带有各式馅料的。这种被称作笼饼的馒头隆起为半圆形，表面光滑。《太平广记·卷第二百六十二·嗤鄙五》"张咸光"篇有"馒头似碗，胡饼如笠"之语。

宋高承《事物纪原·酒醴饮食部·馒头》记："'稗官'《小说》云：昔诸葛武侯之征孟获也，人曰：'蛮地多邪术，须祷于神，假阴兵一以助之。然蛮俗必杀人，以其首祭之，神则向之，为出兵也。'武侯不从，因杂用羊豕之肉，以（而）包之以面，象人头以祠。神亦向焉，而为出兵。后人由此为馒头。至晋卢谌《祭法》：'春祠用馒头'，始列于祭祀之品。而束皙《饼赋》亦有其说。则馒头疑自武侯始也。"这里不但点出馒头的起源，也指出馒头从诞生伊始里面便加的有馅料。元忽思慧《饮膳正要·卷一》记有一种"剪花馒头"的制法："依法入料物盐酱拌馅包馒头，用剪子剪诸般花样，蒸，用胭脂染花。"元倪瓒《云林堂饮食制度集》记有"黄雀馒头法"："用黄雀，以脑及翅、葱、椒、盐同剁碎，酿腹中，以发酵面裹之，作小长卷，两头令平圆，上笼蒸之。"

而蒸饼与馒头并非一物。唐段成式《酉阳杂俎·酒食》有"蒸饼法：用大例面一升，练猪膏三合"之语，由此可推断某些蒸饼是以面、猪油为原料制成的。唐张鷟《朝野金载·卷四》载，武后时期四品官张衡，"因退朝，路旁见蒸饼新熟，遂市其一，马上食之，被御史弹奏。则天降敕：'流外出身，不许入三品。'遂落甲"。宋钱易《南部新书·庚卷》载："一房光庭，尝送亲故葬，出定鼎门，际晚且饥，会鬻蒸饼者，与同行数人食之。素不持钱，无以酬付。鬻者逼之，一房命就我取直，鬻者不从。一房曰：'乞你头衔，我右台御史也，可随取直。'时人赏其放逸。"前者因在路边吃蒸饼失去了升迁机会，后者因食蒸饼被时人赞赏。由此也不难看出市肆售卖蒸饼的普及程度。

宋吴处厚《青箱杂记·卷二》记："仁宗庙讳祯，语讹近蒸，今内庭上下皆呼蒸饼为炊饼。"宋程大昌《演繁露续集·卷六·蒸饼》："本朝读蒸为炊，以蒸字近仁宗御讳故也。"宋周密《齐东野语·卷四》"避讳"条云："昔仁宗时，宫嫔谓正月为初月，饼之蒸者为炊。"自宋仁宗后，蒸饼即改称为炊饼。《梦梁录·卷十三》"诸色杂货"条云："日午卖糖粥、烧饼、炙焦馒头、炊饼、辣菜饼、春饼、点心之属。"同书卷十六"荤素从食店"载："及沿街巷陌盘卖点心、馒头、炊饼及糖蜜酥皮烧饼等点心。"由此可见，在宋时馒头与炊饼并非同种食品。《水浒传》第七十三回"黑旋风乔捉鬼　梁山泊双献头"中有李逵、燕青二人"……便叫煮下干肉，做下蒸饼，各把料袋装了，拴在身边，离了刘太公庄上"的描写，由此推断，蒸饼较便于携带。宋周密《武林旧事》尚记有"秤锤蒸饼""睡蒸饼"等诸多名称，可见其种类并不单一。而包子之名在宋代也已出现。宋罗大经《鹤林玉露·卷六》记："有士夫京师买一妾，自言是蔡太师府包子厨中人。一日，令其作包子，辞以不能，诘之曰：'既是包子厨中人，何为不能作包子？'对曰：'妾乃包子厨中缕葱丝者也。'"宋王棣《燕翼诒谋录·卷三》记："值仁宗诞生之日，真宗皇帝喜甚，宰臣以下称贺。宫中出包子以赐臣下，其中皆金珠也。"包子与馒头均有馅儿，两者最大的差别可能是外观不同。

到了明代，蒸饼、笼饼、馒头等的界限又变得模糊起来。明周祈《名义考·卷十二》云："凡以面为食具者，皆谓之饼……蒸而食者曰蒸饼，又曰笼饼。

侯思正令缩葱加肉者，即今馒头。"明蒋一葵《长安客话·卷二》记："笼蒸而食者皆为笼饼，亦曰炊饼。今毕罗、蒸饼、蒸卷、馒头、包子、兜子之类是也。"

《山家清供》中《酥琼叶》篇所使用的原料是宿蒸饼，至于它是某种蒸饼的名称还是隔夜的蒸饼，尚有待商榷。其做法是把宿蒸饼切成薄片，两面涂蜜或油，放在火上烤，这时就需注意火候，避免烤焦。待蒸饼片变成金黄色，将其置于地上事先铺好的纸上，目的是散散火气。据称这道小点吃起来非常松脆，还有化痰消食的作用。篇尾引的两句诗出自杨万里所作《炙蒸饼》，全诗为："圆莹僧何矮，清松絮尔轻。削成琼叶片，嚼作雪花声。炙手三家市，焦头五鼎烹。老夫饥欲死，女辈且同行。"林洪尤其喜欢"削成琼叶片，嚼作雪花声"这两句，他认为这两句诗将烤蒸饼的样子、酥脆感描写得恰如其分。想来只有身心俱付诸林泉之人方能感受其中真味。

不悟长年在目前

——点心之一

唐人薛渔思传奇小说《板桥三娘子》，讲述唐宪宗元和年间，汴州（辖境包括今河南开封、封丘、尉氏、杞县、兰考等地）西的板桥有间饭店，店中只有一三十来岁的少妇，名唤三娘子。她常会使用法术将来往客商变成驴子，作为自己的骑乘工具或者用于售卖，客商的财物自然被三娘子据为己有，因而三娘子成为远近闻名的富户。许州（辖境包括今河南许昌、长葛、鄢陵、扶沟、临颍、舞阳等地）一个叫赵季和的人准备去洛阳，途中也在三娘子的店中投宿，无意中知晓了三娘子施法劫财的秘密就是让客人食用店中所制荞麦烧饼，客人一吃下去，就变成驴子。赵季和不动声色，从洛阳回来后，再次前来投宿，设计让三娘子吃下自家店中的烧饼，将她也变成驴，并骑着这头驴周游各处。四年后一老者施法，才把三娘子变回原形。唐传奇往往故事奇异瑰丽，不多做评述。这里只以其中两处文字，引出点心：

> 有顷鸡鸣，诸客欲发。三娘子先起点灯，置新作烧饼于食床上，与客点心。季和心动，遽辞，开门而去，即潜于户外窥之。乃见诸客围床，食烧饼未尽，忽一时踣地，作驴鸣，须臾皆变驴矣。
>
> 夜深，殷勤问所欲。季和曰："明晨发，请随事点心。"三娘子曰："此事无疑，但请稳睡。"

这里的"点心"尚为动词"点"与名词"心"的组合。同样的例子也见于五代南唐刘崇远《金华子》中，姐姐还没妆扮完毕，家人已经在旁边备好早饭。于是姐姐对弟弟说："我未食，尔可且点心。"另有宋禅僧圜悟克勤大师著《佛果圆悟禅师碧岩录》中记，唐禅僧德山初到澧州，路途中见一婆子在卖油糍，于是放下《金刚经疏钞》，想买些点心吃。婆云："所载者是什么？"德山云："《金刚经疏钞》。"婆云："我有一问，尔若答得，布施油糍作点心；若答不得，别处买去。"德山云："但问。"婆云："《金刚经》云：'过去心不可得，现在心不可得，未来心不可得。'上座欲'点'哪个'心'？"山无语，婆遂指令去参龙潭。

宋时，点心可以说是以米、面等主食所制食物（正餐除外）的统称。宋吴曾《能改斋漫录》卷二《事始·点心》记："世俗例以早晨小食为点心，自唐时已有此语。"也就是说，点心在当时又是早间充饥的小食。如今遍布街巷的"早点"，便可说是早间点心的简称。宋代都城建筑布局打破前朝坊市壁垒，从事饮食业者成为最大受益者。宋吴自牧《梦粱录》中记："有卖烧饼、蒸饼、糍糕、雪糕等点心者，以赶早市，直至饭前方罢。"孟元老《东京梦华录》："酒店多点灯烛沽卖，每分不过二十文，并粥饭点心。亦间或有卖洗面水、煎点汤药者，直至天明。"前者为早间流动小商贩的行为，后者为有固定营业地址店铺的举动，可见在当时的太平盛世下，繁忙的早市、夜市上，各种各样的点心已成为特别的风景。元末明初陶宗仪《南村辍耕录》中记："今以早饭前及饭后、午前、午后、唛前小食为点心。"清梁绍壬《两般秋雨盦随笔》记："今以午前午后小食曰点心。"正餐之外的小食都可称"点心"，这样的说法沿用至今。

《山家清供》中自然也会提及不少雅致小食，姑且均归于点心之类，在此选列两种。

1. 神仙富贵饼。

此为《神仙富贵饼》篇中所述美食，文为"白术用切片子，同石菖蒲煮一沸，曝干为末，各四两，干山药为末三斤，白面三斤，白蜜（炼过）三斤，和作饼，曝干收，候客至，蒸食，条切。亦可羹。章简公诗云：'术荐神仙饼，菖蒲富贵花。'"

神仙富贵饼的制作方法是：将白术切成片，与石菖蒲一起煮沸，晒干，再磨成粉，随后各取四两，与三斤山药粉、三斤面粉、三斤炼过的白蜜混合拌匀，和好后做饼，然后晒干，收起来。吃的时候蒸熟，再切成条。也可以做成粥。

章简公有诗说："术荐神仙饼，菖薄富贵在。"章简公为北宋名臣元绛，字厚之，钱塘人，祖父元德昭为五代吴越丞相。元绛为宋仁宗天圣八年（1030）进士，授江宁推官，历任两浙、河北转运使，盐铁副使，翰林学士等职。宋神宗元丰六年（1083）（一说元丰七年）卒，谥号章简。苏颂为其撰神道碑，王安礼为其撰墓志铭。暂未查到"术荐神仙饼，菖蒲富贵花"出自元绛的哪篇诗作，元绛留有诸多五言七言绝句，这两句或为其中之一。

白术亦称山芥、天蓟、山姜、山精等，为菊科植物，味甘、温。治风寒湿痹，止汗除热，为培补脾胃之要药。

入药始载于《神农本草经》，为道家所倡常服养生之物。晋葛洪《抱朴子·内篇·仙药卷》介绍白术说："术饵令人肥健，可以负重涉险，但不及黄精甘美易食，凶年可以与老小休粮。人不能别之，谓为米脯也。"同时还记有这样一则故事："南阳文氏说其先祖：汉末大乱，逃去山中，饥困欲死。有一人教之食术，遂不能饥。数十年乃来还乡里，颜色更少，气力胜故。自说在山中时，身轻欲跳，登高履险，历日不极，行冰雪中，了不知寒。常见一高岩上，有数人对坐博戏者，有读书者，俛而视文氏，因闻其相问，言此子中呼上否。其一人答言未可也。术，一名山蓟，一名山精。故《神药经》曰：必欲长生，常服山精。"

唐孙思邈《千金翼方》养性服饵类药方，有一味"济神丸方"，有"绝谷者服之学仙，道士含之益心力"之神效，其所含十一味药材中，便包含白术。明高濂《遵生八笺》中将林洪《山家清供》中神仙富贵饼的做法照实收录后，又增加了内容：强调用淘米水浸泡白术和石菖蒲，并在煮两种药材时，加入一小块石灰。做成的饼可蒸可烤。高濂对神仙富贵饼的评价是"自有物外清香富贵"。同书中还收录不少加有白术的食疗养生方，如白术酒、五香糕、屠苏酒等。

神仙富贵饼里用的是石菖蒲，而古代没有石菖蒲和富贵有关的记载，因此，这道点心得名"神仙富贵饼"，也许是元绛或林洪认知有误造成的。事实上，对人身体颇有裨益的，是和石菖蒲并不一样的菖蒲。菖蒲，"乃蒲类之昌盛者"，为长在水边的多年生草本植物，叶形似剑，花穗如棒，地下的淡红根状茎，可作香料或入药。其味辛、温，可补五脏，明耳目。《孝经援神契》中说"椒姜御湿，菖蒲益聪"。汉应劭《风俗通》中说"菖蒲放花，人得食之长年"。晋葛洪《抱朴子》中记："韩众服菖蒲十三年，身上生毛，冬袒不寒，日记万言。商丘子不娶，惟食菖蒲根，不饥不老，不知所终。"晋葛洪《神仙传》中记："咸阳王典食菖蒲得长生。安期生采一寸九节菖蒲服，仙去。"北魏郦道元《水经注·伊水》中说："石上菖蒲，一寸九节，为药最妙，服久化仙。"只是服用菖蒲就能成仙，似乎有点夸大其辞，不过菖蒲对于人体健康的益处，则显而易见。宋王怀隐《太平圣惠方》中记："菖蒲酒，主大风十二痹，通血脉，荣卫，治骨立萎黄，医所不治者。"明朱权《臞仙神隐书》中记："石菖蒲置一盆于几上，夜间观书，则收烟无害目之患。或置星露之下，至旦取叶尖露水洗目，大能明视，久则白昼见星。"

民间对于菖蒲的普遍应用，主要体现在端午节时。南朝梁宗懔《荆楚岁时记》中记："端午，以菖蒲生山涧中一寸九节者。或镂或屑，泛酒以辟瘟气。"除了泡酒，菖蒲还可以与艾叶一同插于门庭、悬挂堂中，以驱瘴避邪。明刘侗、于奕正撰《帝京景物略》中记："五月一日至五日……渍酒以菖蒲，插门以艾，涂耳鼻以雄黄，曰避虫毒。"《红楼梦》中也有一些关于端午习俗的描写：第二十四回"醉金刚轻财尚义侠　痴女儿遗帕惹相思"中，贾芸买了冰片、麝香献给王熙凤，从而在贾府讨了个差事。第二十八回"蒋玉菡情赠茜香罗　薛宝钗羞笼红麝串"中，元妃从宫中传来节礼，分赏贾府诸人，贾宝玉得了"上等宫扇两柄，红麝香珠二串，凤尾罗两端，芙蓉簟一领"，薛宝钗与贾宝玉所得一样。林黛玉则只和贾迎春、贾探春、贾惜春姐妹得的礼物一样，"只单有扇子同数珠儿"。到了第三十一回"撕扇子作千金一笑　因麒麟伏白首双星"，才描写到端午的正日子："这日正是端阳佳节，蒲艾簪门，虎符系臂。午间，王夫人治了酒席，请薛家母女等赏午。"

明王象晋撰《群芳谱》盛赞菖蒲："不假日色，不资寸土，不计春秋。愈久则愈密，愈瘠则愈细，可以适情，可以养性。书斋左右一有此君，便觉清趣潇洒，乌可以常品目之哉。"这些夸赞之语，使菖蒲在诸多实用价值之外，又有了为文士书斋增加雅趣之用。

唐姚思廉《梁书·列传第一》载："太祖献皇后张氏，讳尚柔，范阳方城人也。……初，后尝于室内，忽见庭前昌蒲生花，光彩照灼，非世中所有。后惊视，谓侍者曰：'汝见不？'对曰：'不见。'后曰：'尝闻见者当富贵。'因遽取吞之。是月产高祖。将产之夜，后见庭内若有衣冠陪列焉。"

"高祖"即梁武帝萧衍，这里记述的便是他出生前后的异象。如果说白术与仙家的关联紧密，那么菖蒲就更多地寓意富贵了，因此这一味加入白术、菖蒲，并混有不少山药的小食，被命名为"神仙富贵饼"。此一称呼无论从暗含典故，还是食疗功效来看，可称绝妙之极。

2. 黄精果。

晋张华《博物志》中记：黄帝问天老曰："天地所生，岂有食之令人不死者乎？"天老曰："太阳之草，名曰黄精。饵而食之，可以长生。"黄精为百合科植物滇黄精、黄精或多花黄精的根茎。《五符经》中记："黄精获天地之淳精，得坤土之精粹，其名戊己芝。"除此之外，黄精又有黄芝、菟竹、鹿竹、仙人余粮、野生姜、重楼、鸡格等数名。晋葛洪《抱朴子》对于黄精的效用更是赞赏有加："服黄精仅十年，乃可大得其益耳。俱以断谷不及术，术饵令人肥健，可以负重涉险，但不及黄精甘美易食，凶年可以与老小休粮，人不能别之，谓为米脯也。"

葛洪《神仙传》卷六《王烈》篇记："王烈，字长休，邯郸人。常服黄精并炼铅，年二百三十八岁，有少容，登山如飞。"卷九《尹轨》篇记："尹轨者，字公度，太原人也。博学五经，尤明天文理气、河洛谶纬，无不精微。晚乃奉道，常服黄精，日三合，年数百岁而颜色美少。"卷十《封君达》篇记："封君达者，陇西人也。服黄精五十余年，又入乌鼠山，服炼水银，百余岁往来乡里，视之年如三十许人。"

以上故事中的王烈、尹轨与封君达等人一心求道，与世人生活相差太远。宋徐铉撰志怪小说集《稽神录》卷六中，有篇《食黄精婢》，则生动地描述了普通百姓食用黄精后的神奇功效：

临川有士人唐遇，虐其所使婢，婢不堪其毒，乃逃入山中。久之，粮尽饥甚，坐水边，见野草枝叶可爱，即拔取濯水中，连根食之，甚美。自是恒食，久之遂不饥，而更轻健。夜息大树下，闻草中兽走，以为虎而惧，因念得上树杪乃生也，正尔念之，而身已在树杪矣。及晓又念当下平地，又欻然而下。自

是，意有所之，身辄飘然而去。或自一峰之
一峰顶，若飞鸟焉。数岁，其家人伐薪见之，
以告其主，使捕之不得。一日遇其在绝壁下。
即以网三面围之，俄而腾上山顶，其主亦骇
异，必欲致之。或曰："此婢也，安有仙骨？
不过得灵药饵之尔。试以盛馔，多其五味，
令甚香美，致其往来之路，观其食否？"果
如其言，常来就食，食讫不复能远去，遂为
所擒。具述其故，问其所食草之形状，即黄
精也。复使寻之，遂不能得，其婢数年亦卒。

　　唐遇凌虐婢女，反而成就了她因服食黄精而身轻
如燕的绝技；若不是有人使诈，让婢女重食人间烟火，
也许她不久之后就可升仙。黄精有如此神效，以至于《西
游记》中的猴子都不放过它。在书中第一回"灵根育
孕源流出　心性修持大道生"中有这样的描写："次日，
众猴果去采仙桃，摘异果，刨山药，抃黄精，芝兰香
蕙，瑶草奇花，般般件件，整整齐齐，摆开石凳石桌，
排列仙酒仙肴，……熟煨山药，烂煮黄精。捣碎茯苓
并薏苡，石锅微火漫炊羹。人间纵有珍羞味，怎比山
猴乐更宁！"真有"子非猴，焉知猴之乐"之感。
　　《山家清供》中的这道黄精果茹饼是如何做成的

呢？《黄精果茹饼》全文为："仲春，深采根，九蒸九曝，捣如饴，可作果食。又，细切一石，水二石五升，煮去苦味，漉入绢袋压汁，澄之，再煎如膏。以炒黑豆、黄米，作饼约二寸大。客至，可供二枚。又，采苗，可为菜茹。隋羊公服法：'芝草之精也，一名仙人余粮。'其补益可知矣。"

明陈嘉谟编著《本草蒙筌》中"黄精"条，称黄精"根如嫩姜，俗名野生姜。九蒸九曝，可以代粮，又名米铺"。《日华子本草》称其"补五劳七伤助筋骨，止饥，时寒暑，益脾胃，润心肺。单服九蒸九暴食之，驻颜断谷"。可知这九蒸九晒是令黄精充分发挥药效必需的炮制工序。把洗净的黄精九蒸九晒后，再借助杵臼捣得如同饴糖一般，就可以作为一道小点，名曰黄精果，随时食用。或将黄精切细，用水煮去苦味，沥干，装入绢袋，用力榨汁，再将榨汁去渣，澄清后下锅熬煮成膏状，再混以黑豆、黄米一起炒，最后切成约二寸大的小饼。客人来饮茶聊天时，可以每人吃上两枚作为小食。

这种吃法可以说是《臞仙神隐书》中所载黄精服食法的延展。《臞仙神隐书》中所记为："以黄精细切一石，用水二石五斗煮之，自旦至夕，候冷，以手揦碎，布袋榨取汁煎之，渣焙干为末，同入釜中，煎至可丸，丸如鸡头子大。每服一丸，日三服，绝粮轻身，除百病。渴则饮水。"即榨汁后滤出的渣儿也没有浪费，而是焙干后磨粉，与所榨汁混于一处，煎熬成丸剂，每日服食三丸，对身体大有裨益。

无论史籍还是传说记载，曾得益于黄精的最闻名的人物，当属证得如来果位、"安忍不动，犹如大地，静虑深密，犹如秘藏"的地藏菩萨。唐开元年间，他在仍为地藏比丘时，曾在九华山苦修，平日多以山中黄精为食，直至九十九岁时坐化。虽然单纯服食黄精不会名列仙班，但黄精的养生益处则无须怀疑：清张璐著《本经逢原》中记，黄精可"宽中益气，使五脏调和，肌肉充盛，骨髓强坚，皆是补阴之功"。清张秉成撰《本草便读》中称黄精为"滋腻之品，久服令人不饥，若脾虚有湿者，不宜服之，恐其腻膈也。此药味甘如饴，性平质润，为补养脾阴之正品"。

民间验方中，有用鲜黄精榨汁，再加干姜、桂心同煎至膏状，每餐饭前服用，有乌发补气作用。把等量的枸杞与黄精碾末混合，加工成蜜丸，空腹服用，可补精气，称枸杞丸。在食疗中，黄精常被分别用于与山楂、笋、冰糖、糯米、大枣、莲子、薏米、党参、猪肚等搭配，有健脾滋阴等功效。如此，便不难理解宋程公许在《题会庆建福宫长歌》中，为何会有"不愿泛少寻蓬瀛，不愿驾鹤朝玉京，只愿餐霞饵黄精"之句了。

《山家清供》书影

疏懒意何长

　　羊为古时人工惯常蓄养的六畜之一。《周礼·天官·庖人》中记："庖人掌共六畜六禽，辨其名物。"郑玄注："始养之曰畜，将用之曰牲。贾公彦疏："掌共六畜者，马、牛、羊、鸡、犬、豕。"羊也是用于宗庙祭祀的牺牲之一，《诗经·小雅·甫田》中有"以我齐明，与我牺羊"。牺，意为毛色纯一；牲指体全的牲畜。明梅膺祚撰《字汇》中《牛部》记："牲，祭天地宗庙之牛完全曰牲。"由《谷梁传·哀公元年》中"全曰牲，伤曰牛，未牲曰牛。其牛一也，其所以为牛者异"之句可知，牲原本只单纯指牛；而《诗经·大雅·云汉》中记有"靡神不举，靡爱斯牲"之句，再如班固《东都赋》中有"于是荐三牺，效五牲"之语。由此可见，牲后来泛指祭祀及食用家畜。

　　君王举办的祭祀或宴会，若牛、羊、猪齐备，则称太牢。因祭祀典礼前，这些牲口需先饲养于牢中，故称为牢。《吕氏春秋·仲春纪》："以太牢祀于高禖。"高诱注："三牲具为太牢。"《国语·楚语下》："天子举以大牢，祀以会。"韦昭注："大牢，牛、羊、豕也。"诸侯、卿大夫祭宗庙时，羊、猪齐备称少牢。而《大戴礼记·曾子天圆》中记："诸侯之祭，牛曰太牢。""大夫之祭牲，羊曰少牢。"可见在太牢中牛是主体，在少牢中羊是主体。《墨子·天志》中记："四海之内，粒食人民，莫不犓牛羊，豢犬彘，洁为粢盛酒醴，以祭祀上帝鬼神，而求祈福于天。"饲养得多了，羊自然就成为主要的肉食来源之一。

汉许慎《说文解字》中释"美"："甘也。从羊从大，羊在六畜主给膳也。"宋徐铉的结论是"羊大则美，故从大"。北宋时，皇家用肉即以羊肉为主，"饮食不贵异味，御厨止用羊肉"，这也让都城汴京的羊肉饮食文化达到新的程度，仅常见的滋补羊肉汤即有当归羊肉汤、枸杞羊肉汤、黄芪羊肉汤、羊肉萝卜汤、羊肉豆腐汤、猪蹄羊肉汤多种。

至于精肉之外的各种内脏，民间亦创出不少别出心裁的食法。如在羊肺中灌入佐料，所制成的食物称"灌肺"。元无名氏编撰《居家必用事类全集》中记灌肺的做法是："羊肺带心一具。洗干净如玉叶。用生姜六两取自然汁。（如无以干姜末二两半代之。）
麻泥杏泥共一盏。白面三两。豆粉二两。熟油二两。
一处拌匀入盐肉汁。看肺大小用之。灌满煮熟。又法。
用面半斤。豆粉半斤。香油四两。干姜末四两。共打
成糊。下锅煮熟。依法灌之。用慢火煮。"

灌肺用在医药上，取以形补形之意，也是治疗肺
病之验方。元葛可久著《十药神书》中，"辛字润肺膏"
一味，即以研成粉的杏仁、柿霜、真酥、真粉各一两，
与二两白蜜混合，用水搅拌化开至黏稠状，随后灌入
洗净的羊肺，入水煮熟，晾凉后切块服食，对于"久嗽，
肺燥，肺痿"等病状颇有疗效。清唐宗海著《血证论》中，
也收录此方："羊肺（一具洗）杏仁（四钱）柿霜（五钱）
真酥（五钱）真粉（三钱）白蜜（五钱）为末。搅匀
入肺中。炖熟食。真粉即上白花粉。真酥即上色羊乳。
如无以黑芝麻捣烂代之。方取肺与肺同气。而用诸润
药。以滋补之。义最浅而易见。然方极有力可用。"

孟元老《东京梦华录》中记："诸门桥市井已开，
如瓠羹店门首坐一小儿，叫饶骨头，间有灌肺及炒肺。"
吴自牧《梦粱录》中记："又有担架子卖香辣灌肺、
香辣素粉羹、揸肉细粉、科头、姜虾、海蛰鲊、清汁
田螺羹、羊血汤、糊齑海蛰螺头、齑馄饨儿、齑面等，
各有叫声。"两本书中都展现了两宋都城方方面面的

繁华风貌，至于其中所涉美食灌肺，到南宋时还新增了香辣口味的。

这道名吃在《山家清供》中还有一种以素代荤的小食，便是特色点心之三：玉灌肺。

《玉灌肺》全文为："真粉、油饼、芝麻、松子、核桃去皮，加莳萝少许，白糖、红曲少许，为末，拌和，入甑蒸熟。切作肺样块子，用辣汁供。今后苑名曰'御爱玉灌肺'。

"要之，不过一素供耳。然，以此见九重崇俭不嗜杀之意，居山者岂宜侈乎？"

由此不难看出，玉灌肺做法极其简易。真粉或为米粉（也有说为蚕豆粉），油饼为油煎之面饼，莳萝是小茴香，红曲则是红曲霉在蒸熟的稻米上生长发酵而成，可消食活血、健脾燥胃。这几种食材都需要碾成粉末。再加上芝麻、松子、核桃仁、白糖等几种食材，用适量水调和开，搅拌均匀，置入笼屉蒸熟，冷却后切块儿，吃时淋上辣汁。其时这道小点已传入宫禁，由于是皇帝的最爱，名"御爱玉灌肺"，其实它只是一道素菜。林洪不禁感慨说，从这道点心能看出，天子身居高位，尚且崇尚简朴、爱惜生灵，生活在山野间的人，难道应该追求饮食用度的奢靡吗？

玉灌肺的食方，在元陶宗仪《说郛》中集撰的《浦江吴氏中馈录》中也有收录，《浦江吴氏中馈录》主要记述江南民间家食之法，分脯鲊、制蔬、甜食三部分。其中玉灌肺方为"真粉、油饼、芝麻、松子、胡桃、茴香六味，拌和成卷，入甑蒸熟，切作块子，供食，美甚。不用油，入各物，粉或面同拌蒸，亦妙"。

由此，《居家必用事类全集》及明刘基撰《多能鄙事》中，又有假灌肺与素灌肺等由灌肺衍生出的素食。假灌肺为"蒟蒻切作片焯过，用杏泥椒姜酱腌两时许揩净；先起葱油，然后同水研乳椒姜调和匀，蒟蒻煠过合汁供"。素灌肺为"熟面觔切肺样块五味腌。豆粉内滚煮熟合汁供"。

而不用"灌肺"之名，食材却与玉灌肺大抵相当的小食也见于典籍。明顾元庆撰、专记元代画家倪瓒事迹的《云林遗事》中即有这样的记载："元镇素好饮茶，在惠山中，用核桃、松子肉和真粉成小块如石状，置茶中，名曰'清泉白石茶'。"明屠隆《茶说》中言："茶之为饮，最宜精行修德之人。兼以白石清泉，烹煮如法，不时废而或兴，能熟习而深味。"清泉白石，自然为居山林者所喜。在茶中加入清淡小点，想来也是为了增加林泉之意，这道小点，我们不妨视其为玉灌肺的简约版。明时，沏茶叶前，杯中还要加些或干或鲜的花果，然后才倒入沸水，吃茶时将配料也一同吃下，似乎是当时约定俗成的饮食手法。如《金瓶梅词话》第三回"定挨光王婆受贿　设圈套浪子私挑"中，便有"那婆子欢喜无限，接入房里坐下，便浓浓点一盏胡桃松子泡茶与妇人吃了"的描写。

　　倪瓒精心制作雅致小点，自然希望有知音共赏，《云林遗事》中还有这样的叙述："有赵行恕者，宋宗室也。慕元镇清致，访之，坐定，童子供茶。行恕连啖如常。元镇怫然曰：'吾以子为王孙，故出此品，乃略不知风味，真俗物也。'自是绝交。"赵行恕是宋家宗室，可算前朝遗老，仰慕倪瓒名气，登门造访。倪瓒以茶点相待。赵行恕想来觉得这小食味道不错，就多吃了几块。在倪瓒眼中，这种猪八戒吃人参果似的吞咽绝对令自己难以接受，因而开口斥责赵行恕："我当你是王孙贵胄，才以此物招待你，没想到你根本不懂得品味，真是俗人一枚！"光斥责还不解气，自此他与赵行恕再也不相往来。

　　特色点心之四：松黄饼。

　　暇日，过大理寺，访秋岩陈评事介。留饮。出二童，歌渊明《归去来辞》，以松黄饼供酒。陈角巾美髯，有超俗之标。饮边味此，使人洒然起山林之兴，觉驼峰、熊掌皆下风矣。

[宋] 夏 圭　松溪泛月图
故宫博物院　藏

春末，取松花黄和炼熟蜜，匀作如古龙
涎饼状，不惟香味清甘，亦能壮颜益志，延
永纪筹。

以上是《山家清供·松黄饼》篇全文。某日，林洪去大理寺拜访友人陈介。大理寺主掌断刑治狱，秦代称廷尉，西汉景帝时改称大理。大理寺评事为大理寺属官，职掌断刑，正八品。南宋隆兴二年（1164）后定名额为八人，分别以"雷""霆""号""令""星""斗""文""章"为号，又称八评事。这里的大理寺评事陈介为何人，暂无确切考证。《八闽通志》中提到于宋理宗开庆元年任潮州判官的陈介，但他与林洪生活的时代略有不同。陈介在与林洪对饮时，唤出二童子唱陶渊明的《归去来辞》。据《晋书》卷九十四《陶潜传》所记，陶渊明"素简贵，不私事上官。郡遣督邮至县，吏白应束带见之。潜叹曰：'吾不能为五斗米折腰，拳拳事乡里小人邪！'义熙二年，解印去县，乃赋《归去来》"。篇中首句"归去来兮，田园将芜胡不归？既自以心为形役，奚惆怅而独悲？"即已将人生之舍与得抒写得淋漓尽致。陈介能在与林洪的欢饮中令童子歌这篇小赋，足以显示两人高山流水的情态。

与《归去来兮辞》相配的，是一道小点——松黄饼。目之所见，耳之所闻，口之所食，舌之所品，尽是恬淡飘逸的山林之味。也难怪林洪觉之远远胜过驼峰、熊掌那一类公认的珍馐。这道小点的制法并不难，将松花粉与炼熟蜜混合即可。但采集松花粉这种原料着实需要费一番工夫。松花粉又名松花、松黄、松粉，为松科植物马尾松、油松或同属数种植物的花粉，颜色鲜黄或淡黄，质轻状松，入水不沉。其药用功效为祛风益气、收湿止血。要采集松花粉，需在春夏间晴天近中午时，轻轻摇动松花的黄色花序，使其花粉落入干净的竹匾或纸袋内，再晒干、滤净密封备用。

松花粉的食用可谓颇具历史渊源。唐白居易《枕上行》云："腹空先进松花酒，膝冷重装桂布裘。若问乐天忧病否，乐天知命了无忧。"宋苏东坡曾作《花粉歌》，盛赞花粉道："一斤松花不可少，八两蒲黄切莫炒。槐花杏花各五钱，两斤白蜜一起捣。吃也好，浴也好；红白容颜直到老。"《本草纲目·木部》记："花上黄粉，山人及时拂取，作汤点之甚佳。但不堪停久，故鲜用寄远。"

与松黄饼一样需添加松花粉作为小点的，是松花饼。宋苏辙《次韵毛君烧松花六绝》之二："饼杂松黄二月天，盘敲松子早霜寒。山家一物都无弃，狼籍干花最后般。"后面还追注"蜀人以松黄为饼甚美"。宋佚名编著的类书《锦绣万花谷》中亦有"春尽采松花，和白糖或蜜作饼，不惟香味清甘，自有所益于人"。明杨循吉《居山杂志·饮食第七》中记："松至三月华，以杖扣其枝，则纷纷坠落，张衣械盛之，囊负而归，调以蜜，作饼遗人，曰'松花饼'。市无鬻者。"此条又被清康熙年间汪灏等参照明王象晋《群芳谱》改编、刊正的《御定佩文斋广群芳谱》引用。明徐光启《农政全书》引《本草》云："松花用布铺地，击取其蕊，和沙糖作饼。甚清香。不能久留。"

在生动体现明代社会各阶层生活情态的《金瓶梅词话》里，也提及松花饼。在第三十九回"寄法名官哥穿道服 散生日敬济拜冤家"中，西门庆在玉皇庙吴道官处时，"李铭、吴惠两个拿着两个盒子跪下，揭开都是顶皮饼、松花饼、白糖万寿糕、玫瑰搽穰卷儿"。可见松花饼这道小点已是当时可拿得出手的日常礼品之一。至今，江南仍有松花团子、渔村松花饼等小点：松花团子用蒸熟的糯米粉饼，内裹芝麻馅儿、外滚松花粉做成；渔村松花饼是把糯米粉、粳米粉、松花和白糖相混，揉好后，切成小块儿，温火微烙而成。松树的花期只有短短几日，能品尝到松花粉所制美食，也着实是老饕们的福气。

世上悠悠不识真

　　《论语·乡党》的主题之一是饮食起居、坐卧行走等日常之礼，其中有这样一段文字："食不厌精，脍不厌细。食而馇而肉败，不食。色恶不食。臭恶不食。失饪不食。不时不食。割不正不食。不得其酱不食。肉虽多，不使胜食气。惟酒无量，不及乱。沽酒，市脯不食。不撤姜食。不多食。祭于公，不宿肉。祭肉不出三日；出三日，不食之矣。食不语，寝不言。虽疏食，菜羹瓜祭，必齐如也。"在这段训诫中，只有"食不厌精，脍不厌细""食不语，寝不言"为人所熟知，像"不撤姜食"之语则鲜为人知。清张秉成《本草便读》中对此句的解释是："生姜味辛性温，入肺胃，散寒发表，善宣胸膈逆气。故生姜为治呕圣药，能解半夏南星诸菌等毒，祛邪辟恶，故圣人有不撤姜食之说。"可见，姜除了有调味作用，其药用功效也早为先人所知。清邹润安《本经疏证》卷六言："味辛，微温。主伤寒头痛鼻塞，咳逆上气，止呕吐。……抑以生者不便致远久藏，姜非随地皆产，故概之曰干姜，可为不产姜处法耶！则孔子曰：'不撤姜食，常可为蔬。'是随处皆产也。愚意生者有生者之功能，干者著干者之实效。仲景于生姜泻心汤中，生姜干姜并用。"18世纪日本医家吉益东洞《药征续编》中记生姜"主治呕。故兼治干呕噫哕逆。……然夫如姜与枣，亦别有大勇力者矣，宜以考证中诸方察之。夫孔子每食不撤姜，曾晳常嗜羊枣，亦不可以药中姜、枣见之。今以此为治病之材，则又有大攻毒之功。凡药材以饵食见之，则至桂枝究矣。古者姜、桂、枣、栗，以为燕食庶羞之品，故内则曰：枣、栗、姜、桂"。

孔子"不撤姜食"之语，是否为因其药用功效，已然不可得知。不过后世硬生生地把这句话当成孔子喜食姜的佐证。清李渔《闲情偶寄·饮馔部》中，作者自称大爱芥辣汁，盛赞其为"食中之爽味"，并说自己"每食必备，窃比于夫子之不撤姜也"，以孔子进餐时不撤姜类比。同书中《颐养部》一节，作者提出"爱食者多食生平爱食之物，即可养身，不必再查《本草》"这样的论点，并再次以孔子食姜一事作为论据：

"春秋之时，并无《本草》，孔子性嗜姜，即不撤姜食，性嗜酱，即不得其酱不食，皆随性之所好，非有考据而然。孔子于姜、酱二物，每食不离，未闻以多致疾，可见性好之物，多食不为祟也。"

《山家清供》中的通神饼，即以姜为食材。《通神饼》篇全文为："姜薄切，葱细切，各以盐汤焯，和稀面，宜以少国老甘草也细末和入面，庶不大辣。入浅油炸，能已寒。朱氏《论语注》云'姜，通神明'，故名之。"将姜切成薄片，葱切成细丝，在滚开的盐水中焯一下。然后和上白面、白糖相拌，加入少量甘草，以中和姜的辣味，再制成饼状，入油中炸熟，有驱寒气之功效。之所以叫"通神饼"，缘于宋代朱熹《论语注》中"姜通神明"一语。《楚辞·远游》有"保神明之清澄兮，精气入而麤秽除"之语，此处的神明为人体的正气精神，朱熹"姜通神明"的神明也当为此意。同样，明王肯堂《肯堂医论·妇科验方》中"产后阴血虚耗，阳浮散其外，而靡所依，故多发热，治法用四物汤补阴，姜通神明，炮干姜能收浮散之阳，使合于阴，故兼用之"。清王子接《绛雪园古方选注》中"桂枝汤"一方，亦有"芍药、甘草酸甘化阴，启少阴奠安营血；姜通神明，佐桂枝行阳；枣泄营气，佐芍药行阴"之说，可见"姜通神明"已为后世沿用。

至于另外加入的甘草，明李时珍《本草纲目》第十二卷《草部·甘草》引陶弘景的话，云："此草最为众药之主，经方少有不用者，犹如香中有沉香也。国老即帝师之称，虽非君而为君所宗，是以能安和草石而解诸毒也。"国老从前指德高望重的肱股之臣，或因年事已高致仕归乡之高官。如汉贾谊《治安策》："春秋入学，坐国老，执酱而亲馈之，所以明有孝也。"国老有百利而无一害，在诗家眼里，与中药中的甘草正与国老相似，极其有用。唐柳宗元《从崔中丞过卢少府郊居》即用"蒔药闲庭延国老，开罇虚室值贤人"说明甘草的药用价值。宋梅尧臣《司马君实遗甘草杖》："药中称国老，我懒岂能医。"把甘草加入通神饼中，可生出香甜的味道，令姜丝只余微辣，又不掩盖盐水焯葱的咸鲜。

以姜和面做成的简便易行的小点，尚有一道参姜饼。明胡荧《卫生易简方》里介绍其制法是：将半夏用温水淘洗，待干燥后研末。人参、干姜也分别研末，将三种粉末与生姜汁、生地黄汁一同混入面粉中，揉匀。再分成十数个小圆饼，上笼屉蒸熟，可作为正餐外的辅食，具养阴益气、补脾健胃之功效。不过，并不是所有姜为原料制出的饼都适合食用，元曾世荣撰

《活幼心书》中的"姜豉饼"便是贴于肚脐的外用药。将生姜、生蒜、生葱切碎，豆豉润湿，连同盐、炒成焦黄色的穿山甲鳞片一起置入石臼，再加入少量醪糟，在石杵中用力捣烂，团作约两寸宽的小饼，使用时先用微火加热，然后贴于肚脐；可治小便不利、脐凸腹胀。另有一与之相似的验方"姜夏饼"，即把半夏研成细末，与捣烂的生姜混合，调匀后，捏成饼状，再外敷于脐部，主治胃寒。

姜饼，是西方在圣诞节时主要的小点心之一。据说古罗马时代就已经流行起以姜和小麦粉为主要原料的面食小点，但后来一度消失无踪，直到 14 世纪之后才在欧洲再度流行。迄今，搭建绚丽的姜饼屋仍是圣诞庆典必不可少的环节之一。19 世纪，英语国家的民间故事里，姜饼人成为其中的主角之一。故事讲述一对老夫妇做出一个香喷喷的姜饼人，它的眼睛是葡萄干，它的扣子是樱桃干。姜饼人不喜欢被吃掉，于是在烤箱门打开的时候，快速跑了出去，老夫妇在后面追赶，却怎么也追不上。在逃亡路上，牛、猪、马都加入追赶的队伍，但都赶不上它。姜饼人一边跑一边得意大喊："快跑呀，快跑呀，能跑多快跑多快！你们追不上我，我是厉害的姜饼人！"最后，姜饼人中了帮助自己过河的狐狸的计谋，成了狐狸的美餐。

比较起来，西方文化中的姜饼少了东方文化里那些浓郁的山林滋味与文士气息，更加有烟火气。也许这种没有被附加上清雅的食物，更简易、恬淡，更得食中真味。

看取清名自此高

"剑号巨阙，珠称夜光。果珍李柰，菜重芥姜"，
这几句话出自南梁武帝时安成王国侍郎周兴嗣所撰童
蒙读物《千字文》。

先说上面几句话中提到的巨阙。巨阙剑据说是欧
冶子受越王勾践之命所铸，刃长三尺三，柄长七寸，
刃宽五寸，重五斤，以锋利无比著称。勾践亲自命名"巨
阙"。它与湛卢、纯钧、胜邪、鱼肠等同列为天下名剑，
是古剑中的佼佼者，作者认为它的地位相当于宝石中
的夜明珠。后面则接着说起果菜中的名品：李柰与芥
姜。《千字文》中诸句为了押韵力避同一字重复出现，
难免有意思牵强的部分。此处暂且不讨论李柰珍贵与
否，只简述这"柰"为何物。

在现代已很少用到"柰"，在元明前古籍中多有
出现。西汉司马相如《上林赋》有"卢桔夏熟，黄甘

137

橙楱，枇杷樲柿，亭柰厚朴"；三国魏曹植《谢赐柰表》有"即夕殿中虎贲宣诏，赐臣等冬柰一奁。柰以夏熟，今则冬生，物以非时为珍"。晋潘岳《闲居赋》有"二柰曜丹白之色"。晋左思《蜀都赋》有"朱樱春就，素柰夏成"之语。晋葛洪《西京杂记》："上林苑紫柰，大如升核，紫花青，其汁如漆，著衣不可浣，名脂衣柰，此异种也。招邑所产者，味酢，人不甚珍。"晋郭义恭《广志》："西方例多柰，家家收切，曝干为脯，数十百斛，以为蓄积，谓之频婆粮。亦取柰汁为豉用。"北魏杨衒之《洛阳伽蓝记》："承光寺亦多果木。柰味甚美。冠于京师。"那么柰到底是什么？东汉许慎撰《说文》记"柰，柰果也"。北魏贾思勰《齐民要术·柰林檎》记："柰、林檎，不种，但栽之。"北宋陈彭年、丘雍等撰《广韵》记："柰，果木名。"柰为果木名这样的说法令人一头雾水。明徐光启《农政全书》"柰，一名苹婆"的说法，明李时珍《本草纲目》中则说"柰，梵言频婆"。清陈淏子的园艺学著作《花镜》则娓娓道来："柰，一名苹婆。江南虽有，而北地最多。与林檎同类。有白、赤、青三色。白为素柰，凉州有大如兔头者。赤为丹柰，青为绿柰，皆夏熟。凉州又有一种冬柰，十月方熟，子带碧色。"清汪灏《广群芳谱》最终点题："本草不载苹果，而释柰。云：一名苹婆。

据《采兰杂志》《学圃杂疏》，苹婆又当属此果名。"

如此，柰即苹果，似已毋庸置疑。但柰是否是当下常见的苹果，这一点还是争议颇多。还有，"频婆"是否自始至终指的都是苹果？"频婆"应为梵语音译。唐释惠琳《一切经音义》中有："频婆果，此译云相思也。"《新译大方广佛华严经》中有"唇口丹洁，如频婆果"。惠琳解释为："丹，赤也。洁，净也。频婆果者，其果似此方林檎，极鲜明赤者。"再如《方广大庄严经》："目净修广，如青莲花，唇色赤好，如频婆果。"《大般若波罗蜜多经》："世尊唇色光润丹晖，如频婆果。"《毘耶娑问经》："光明集在其身，颊如莲花，唇色犹如金频婆果。"

在汉地的"频婆果"则与异域的果实含义有所差别。南宋周去非《岭外代答》："南方果实以子名者百二十。……频婆果，极鲜红可爱，佛书所谓'唇色赤好，如频婆果'是也。"《续资治通鉴长编》："韶州献频婆果，后以道远罢之。"元陈大震等纂修《大德南海志》中记："频婆子，实大如肥皂，核煨熟去皮，味如栗。本韶州月华寺种。旧传三藏法师在西域携至，如今多有之。频一作贫，梵语谓之丛林，以其叶盛成丛也。"明毛晋《毛诗陆疏广要》中记："又频婆子者，其实红色，大如肥皂，核如栗。煨熟食之，味与栗无异。"

清吴绮《岭南风物记》记："频婆果出广州。树极大，果如蚕豆荚，子圆如豆，藏其中，老则迸开如桐瓢状，色大红，土人取其熟食之。"味道如同栗子，必然不会是苹果。这样看来，"频婆"之名，在朝史更替中，具体所指也多有变化。

不难看出，佛经中的"频婆"更像现代苹果的前身，也就是被称为柰的水果，即没有经过千百年杂交、嫁接、改良的野生绵苹果，俗称沙果。直到元明时期，苹果才接近我们现在所见到的品种，外观、口味已与从前的柰大相径庭。那时"频婆果""平波""平坡""苹婆"都指它。大约在明后期，"苹果"的称谓慢慢流行，后来频婆、苹婆等名称被悄然废弃。清全祖望《说苹婆果》："苹婆果、来禽（林檎），皆柰之属，特其产少异耳。苹婆果雄于北，来禽贵于南，柰盛于西。其风味则以苹婆为上，柰次之，来禽又次之。"

苹果的口味被列为水果中之甲等。元周伯琦《扈从诗后序》中记："宣德，宣平县境也，地宜树木，园林连属，宛然燕南。有御花园，杂植诸果，中置行宫。果有名平波者，似来檎而大，味甘松，相传种自西域来，故又名之曰回回果，皆殊品也。"明王世懋的《学圃余疏》记："北土之苹婆果，即花红一种之变也。吴地素无，近亦有移植之者，载北土以来，亦能花能果，形味俱减。然犹是奇物。"既然是"殊品""奇物",自然价值不菲。明徐渭《频婆诗》中句曰:"上元灯火节,一颗百钱青。"其中对苹果价格的描述或有夸张成分,但大抵为当时实情。

唐孙思邈《千金方》中记柰可"耐饥,益心气"。《山家清供》中出现的柰,就相当于今日所说的沙果,林洪所记的一道大耐糕,当为取其药用价值。《山家清供·大耐糕》全文为:

> 向云杭公(充),夏日命饮,作大耐糕。意必粉面为之。及出,乃用大柰子。
>
> 生者,去皮剜核,以白梅、甘草汤焯过,用蜜和松子肉、榄仁(去皮)、核桃肉(去皮)、瓜仁划碎,填之满,入小甑蒸熟。谓耐糕也。(非熟,则损脾。)且取先公"大耐官职"之意,以此见向者有意于文简之衣钵也。夫天下之士,苟知"耐"之一字,以节义自守,岂患事业之不远到哉!因赋之曰:"既知大耐为家学,看取清名自此高。"
>
> 《云谷类编》乃谓大耐本李沆事,或恐未然。

这道小点的制作方法是，以大沙果去皮挖核，在滚开的白梅、甘草汤汁中焯过，然后把捣碎的松子仁、去皮的核桃仁、切碎的瓜仁用蜜拌匀，填进沙果，再放进小蒸锅中蒸熟即成。它的名字称耐糕，意即怀缅先人向敏中"大耐官职"。

"大耐官职"说出自《宋史》："向敏中，字常之，开封人，……天禧初，加吏部尚书，又为应天院奉安太祖圣容礼仪使。进右仆射兼门下侍郎，监修国史。是日，翰林学士李宗谔当对，帝曰：'朕自即位，未尝除仆射，今命敏中，此殊命也，敏中应甚喜。'又曰：'敏中今日贺客必多，卿往观之，勿言朕意也。'宗谔既至，敏中谢客，门阑寂然。宗谔与其亲径入，徐贺曰：'今日闻降麻，士大夫莫不欢慰相庆。'敏中但唯唯。又曰：'自上即位，未尝除端揆，非勋德隆重，眷倚殊越，何以至此。'敏中复唯唯。又历陈前世为仆射者勋德礼命之重，敏中亦唯唯，卒无一言。既退，使人问庖中'今日有亲宾饮宴否？'，亦无一人。明日，具以所见对。帝曰：'向敏中大耐官职。'徙玉清昭应宫使。"

向敏中为北宋真宗朝名相，他于宋真宗天禧四年（1020）卒于任上时，"帝亲临，哭之恸，废朝三日"。死后赠太尉、中书令，谥号文简。上面的话大意是说，天禧初年，向敏中升任右仆射。当天，宋真宗对翰林学士李宗谔说，这是自己登基以来首次任命仆射一职，想必向敏中一定很高兴。又说他家中必是有很多客人前去庆贺，因此宋真宗安排李宗谔前去向敏中府上看看情况。李宗谔来到向府，发现大门紧闭，四周一片寂静。李宗谔很惊奇，敲开门后见到向敏中，向他道贺。然而李宗谔无论说什么，向敏中都只是点点头。李宗谔先说本朝未曾任命仆射，后又历数前朝仆射的勋荣美德，最终向敏中也没有说一句话。李宗谔告辞后，悄悄派人去向敏中府上厨房询问当天是否有宾客前来，得到的答复也是当天并没有客人饮宴。李宗谔第二天将此事报于宋真宗，宋真宗微笑颔首："向敏中非常胜任这个官职。"这件事在沈括的《梦溪笔谈》中也有记述，并被南宋洪迈《容斋随笔》援引。《容斋随笔》中，这一条后面补续道："沈括自注云：'向公拜仆射，年月未曾考于国史，因见中书记，是天禧元年八月，而是年二月王钦若亦加仆射。'予案真宗朝自文简之前拜仆射者六人：吕端、李沆、王旦皆自宰相转，陈尧叟以罢枢密使拜，张齐贤以故相拜，王钦若自枢密使转。及文简转右仆射，与钦若加左仆射同日降制，是时李昌武死四年矣。昌武者，宗谔也。"

《宋史》记，向敏中的父亲向王禹在后汉曾时任符离县令。他性情严肃刚毅，对向敏中管教十分严格。

向王禹偁对向敏中的母亲说："往后这个孩子必然会光大我向家门庭。"《宋史》对他的评价是："姿表瑰硕，有仪矩，性端厚岂弟，多智，晓民政，善处繁剧，慎于采拔。居大任三十年，时以重德目之，为人主所优礼……"向敏中身居要位三十年，以德行卓著为人称道，天子对他也是青眼有加，宋真宗称其"淳谨温良"，可见其确为一代良臣。

《大学》开宗明义点出，君子应当明白的道理，是通晓彰明正大的品德，同时身体力行，让周围的人能够弃旧图新、去恶从善，最终达到时时处处发善念施善行的境界。同一书中，还有"此谓诚于中，形于外。故君子必慎独也"，这也与《中庸》中所述"莫见乎隐，莫显乎微，故君子慎其独也"之语意思差不多。向敏中拒绝宾客访贺便是这样的道理，即使独自一人，也牢固地保持内心道德的本真，守持自我的诚意。

从文中可推知，大耐糕是向家传了数代的一种小点，文中让林洪尝到大耐糕的向云杭公，应该是向敏中后人。制食大耐糕自然是有向先人致敬之意。林洪感概说，天下的读书人啊，若是都能禁得起一个"耐"字，耐得住寂寞，耐得住诱惑，用节义约束自己的思想和行为，那么必然会成为流芳千古的人物。为此他还赋诗道："既知大耐为家学，看取清名自此高。"

味 · 趣

百味消融小釜中

　　火锅在传统饮食中，绝对算是易被忽视的另类，它既可以指器具，又可以引申为食物。如果按照字面意思，那么火锅可以被定义为集加热和盛放于一身的传统炊具。然而一及"火锅"二字，大众更多则聚焦于里面的食物是什么，毕竟似乎没有哪种食物的烹制能如同火锅一样，平易近人又独树一帜，脍炙人口又别出心裁。

　　对火锅起源于何时，说法不一，这也缘于火锅的概念太为宽泛。有学者认为商周时期"鸣钟列鼎"的鼎是火锅鼻祖，此种论断未免有些牵强。虽然鼎中可以放置牛、羊肉等食材，再在底部生火加热以煮熟食物，但分食时仍是需要把食物捞出并置于俎案。先秦时，人们把精制的肉脯放在加热的调味汁中熬炖，使之变软后入味，这种做法常被称为"濡"。汉代时专有铜质"染杯""染炉",染炉内置炭火,用于持续加热;染杯内盛酱品,供煮蘸肉类。先秦两汉的这种食法,虽说与"火锅"字面意思相符,但终究与当下的火锅概念大相径庭。

《三国志·魏书·钟繇传》中记:"魏国初建,为大理,迁相国,文帝在东宫,赐繇五熟釜,为之铭曰:'于赫有魏,作汉藩辅。厥相惟钟,实干心膂。'"裴松之注引:"《魏略》:繇为相国,以五熟釜鼎范因太子铸之。釜成,太子与繇书曰:'昔有黄三鼎,周之九宝,咸以一体使调一味,岂若斯釜五味时芳?'"从这段话中可以看出,在当时,釜还是常见炊具之一,且釜可铸成中分几格的形制,可以烹饪多种食物。北齐魏收《魏书·獠传》中记:"獠者,盖南蛮之别种,自汉中达于邛笮,川洞之,……铸铜为器,大口宽腹,名曰铜爨,既薄且轻,易于熟食。"鄂、川一带居民的炊具獠及其用法更近似今日的火锅,与日式肉片火锅寿喜烧又有神似之处。还有一种说法,称火锅涮羊肉起源于忽必烈四处征战时期,这又令火锅的起始和内容过于受局限。毕竟,《山家清供·拨霞供》一篇,即已呈现了标准的火锅模式:

　　向游武夷六曲,访止止师。遇雪天,得

一兔，无庖人可制。师云：山间只用薄枇、酒、酱、椒料沃之。以风炉安座上，用水少半铫，候汤响一杯后，各分以箸，令自夹入汤摆熟，啖之乃随意各以汁供。因用其法。不独易行，且有团栾热暖之乐。

越五六年，来京师，乃复于杨泳斋（伯岩）席上见此，恍然去武夷如隔一世。杨，勋家，嗜古学而清苦者，宜此山林之趣。因诗之："浪涌晴江雪，风翻晚照霞。"末云："醉忆山中味，浑忘是贵家。"

猪、羊皆可。

《本草》云：兔肉补中，益气。不可同鸡食。

某年冬日，林洪前往武夷山六曲访一位叫"止止师"的隐士，时值大雪，两人偶得一只野兔。山上自然没有厨师为他们加工兔肉，于是止止师便建议用山中常见的烹制方法，即将兔子剥皮，去其头、爪、内脏，兔肉洗净后细心切成薄片，放入由酒、酱、花椒混合的佐料里短暂腌制；再把风炉放在桌上，点起炭火，上置半锅水。待水沸，用筷子夹着兔肉在沸水里轻摆数下，待熟后捞出，其时沸汤恍如白雪，兔肉口感绵软，质地细腻，色泽也如晚霞，吃时再根据各人口味，蘸上或咸或淡的调汁，便是一道不可多得的山林鲜味。

林洪与止止师如法炮制，果然得了一道佳肴。咕嘟嘟翻滚的锅里不时升起氤氲的水汽，两人一边赏雪，一边把盏言欢，实为快哉！当然，这种自在可能并不完全来自于饮食，更重要的是其中蕴含的宛若日本茶道所倡的"和敬清寂"精神，及那种不为世俗之事所牵挂羁绊的惬意快活。

自那次雪中品兔肉后，又过了五六年，林洪来到杭州，在杨伯岩家中席上再次吃到这道美味，登时心生恍如隔世之感。林洪称杨伯岩家为"勋家"，并非有意夸赞。杨伯岩字彦瞻，号泳斋，南渡名将杨沂中曾孙，居于临安。南宋"雅词"代表人物、《齐东野语》撰者周密是他的女婿。杨伯岩事迹散见《宝庆会稽续志》《绝妙好词笺》等，有《六帖补》《九经补韵》等著作存世，《全宋词》中收录有其词作。

百感交集的林洪，在杨伯岩所设那次宴席上还即兴赋诗一首："浪涌晴江雪，风翻晚照霞。……醉忆山中味，浑忘是贵家。"锅中翻滚的汤水正如浪涌，而顷刻即熟的肉片，正好似晚霞。至此，拨霞供中"拨霞"二字的绝、妙、美才能完全为人所体味。

结尾处，林洪又补充了两句，其中"猪、羊皆可"

余音袅袅之余，将飘逸的山野之风拉回质朴的市井之乐，告知诸位食客，没有兔肉的时候，猪肉、羊肉也可以，百无禁忌。短短四字，毫无画蛇添足之感。

后世火锅果然多以羊肉为正统，想来也与火锅流行的季节及羊肉的药用价值有关。在补气血方面，羊肉甚至可与人参比肩，如《十剂》中记，"补可去弱，人参、羊肉之属是也。东垣曰：人参补气，羊肉补形"，羊肉"味甘，性大热，无毒，入脾、肺二经。主虚劳寒冷、脑风大风，补脾益气，安心定惊"。比起"味辛，性平，无毒"的兔肉，似乎羊肉在冬日驱寒方面更有立竿见影的效果。

火锅以其快捷、多样等优势拥趸甚众。各地火锅无论口味还是称呼也根据地域不同各有差异，然也不乏美食家对其表示不屑并严厉苛责。清人袁枚在《随园食单》中记："冬日宴客，惯用火锅，对客喧腾，已属可厌；且各菜之味，有一定火候，宜文宜武，宜撤宜添，瞬息难差。今一例以火逼之，其味尚可问哉？"单纯从美食的角度来说，袁枚的指斥有其道理，但诚如或为晚清翰林严辰所作诗句"围炉聚炊欢呼处，百味消融小釜中"所言，那团座桌旁、推杯举箸、其乐融融的热闹才是民间百姓喜爱火锅的真意。

豆腐的前世今生

"五谷"之说若从春秋时期计，已有近三千年历史。《周礼·天官》中"以五味、五谷、五药养其病"所提"五谷"，郑玄注为麻、黍、稷、麦、豆。赵岐注《孟子·滕文公上》"后稷教民稼穑，树艺五谷，五谷熟而民人育"中的五谷，为稻、黍、稷、麦、菽。其中，黍为黄米，稷为粟（即小米），菽是豆。在《诗经·小雅·节南山之什·小宛》中，有"中原有菽，庶民采之。螟蛉有子，蜾蠃负之"的记述。同样，在《诗经·小雅·鱼藻之什·采菽》篇，还有"采菽采菽，筐之筥之，君子来朝，何锡予之"之句。而据《国语·晋语》载，秦穆公宴请重耳，席间赋《采菽》，重耳以《黍苗》应答，可见以大豆为代表的豆类种植与采摘的历史悠久。

《墨子·尚书贤》中说"菽粟多而民足乎食"，

可见先秦时期，小米和大豆在百姓日常食物中所占的分量。战国时期，菽更名为豆。《战国策·韩策一》中记，张仪为秦连横，游说韩王时说"韩地险恶，山居，五谷所生，非麦而豆，民之所食，大抵豆饭藿羹"，其中藿是大豆叶。史游所撰《急就篇》中，同样有"麦饭豆羹，皆野人农夫之食耳"之说。由此不难推知，由大豆加工而成的食物在当时人们餐桌上是必不可少又平常至极的。

煮烂的豆子可以做成豆粥。《山家清供》中专有《豆粥》一篇，言及《后汉书·冯异传》中所记故事，即在王莽执政时，各地举事风起云涌，西汉宗室刘林拥立假冒汉成帝儿子的王郎为帝，随即王郎以十万户侯悬赏捉拿刘秀，刘秀带着部属自蓟地南逃，行至饶阳时，"时天寒烈，众皆饥疲"，属下冯异送上豆粥。第二天，刘秀感慨地对众将说："昨得公孙豆粥，饥寒俱解。"宋苏轼诗《豆粥》中说"君不见呼沱流澌车折轴，公孙仓皇奉豆粥"，说的便是此事。林洪对冯异送豆粥的评价是"至久且不忘报，况山居可无此乎"。史籍中并未细述冯异献上的豆粥用何种豆子所制。同样，《世说新语·汰侈》里也提及用豆煮成的粥。"石崇为客作豆粥，咄嗟便办"，不仅奉上的速度快，而且里面还掺入用韭菜、艾蒿等捣碎制成的腌菜，令客人啧啧称奇。林洪在《豆粥》篇里提及的烹制豆粥所用原料，则清楚明了："用沙瓶烂煮赤豆，候粥少沸，投之同煮，既熟而食。"这里用的是赤豆，不是黄豆。

石磨的应用使豆腐的出现成为可能。浸泡过的豆子经石磨反复碾压，成为浆汁，经过过滤，用剩下的豆浆做豆腐。加热豆浆，在温度适当时一边添入盐卤或石膏，一边沿同一方向不停搅拌，然后静置一段时间，再经过简单压榨，排出多余水分，就做成了鲜嫩细腻的豆腐。煮豆浆这个步骤在制作豆腐中必不可少。英国科学技术史专家李约瑟做了个实验，结果表明，如果在没有煮过的豆浆中加入凝固剂，得到的会是缺少弹性的豆糕而非豆腐。

传说豆腐的发明者是西汉时淮南王刘安，他与门客在用豆浆培育丹苗时，发现豆浆与泥层中的盐碱产生反应，形成了豆腐。隋诸葛颖曾有《淮南王食经》《淮南王食目》等著作传世，但后人没能在这两本书中发现有关刘安发明豆腐的记载，因此学术界对刘安发明豆腐一说颇有争议。南朝梁谢绰《宋拾遗录》中说："豆腐之术，三代前后未闻，此物至汉淮南王，始传其术于世。"五代时，"豆腐"这一词语已出现在典籍中。五代陶穀《清异录·官志》中记："时戢为青阳丞，洁己勤民，肉味不给，日市豆腐数个，邑人呼豆腐为小宰羊。"南宋朱熹在其系列诗作《次刘秀野蔬食十三诗韵》的第十二首里则言之凿凿，认为豆腐的发明者为刘向。其诗为"种豆豆苗稀，力竭心已腐。早知淮王术，安坐获泉布"，并注曰"世传豆腐本淮南王术"。《齐民要术》《梦溪笔谈》《天工开物》等对后世影响深远的农学或百科著作，并没有详尽介绍豆腐的制作工艺；在明李时珍《本草纲目》谷部卷二十五中，有"豆腐之法，始于汉淮南王刘安。凡黑豆、黄豆及白豆、泥豆、豌豆、绿豆之类，皆可为之。水浸，硙碎。滤去滓，煎成，以盐卤汁或山矾叶或酸浆、醋淀就釜收之。又有入缸内，以石膏末收者。大抵得咸、苦、酸、辛之物，皆可收敛尔"的记述，如此，豆腐浸磨豆类、滤煮豆浆、点浆成型的整个生产过程便一目了然。《随息居饮食谱》中的记述则相对简略："豆腐，以青、黄大豆，清泉细磨，生榨取浆，入锅点成后，软而活者胜。"除了精选好豆，整个制作过程中，对每一环节所需原料，也都有相应要求。如明李日华《蓬栊夜话》记："歙人工制腐，皆紫石细棱，一具值二三金，盖砚材也。菽受磨，绝腻滑无滓，煮食不用盐豉，有自然之甘。"其中，《本草纲目》中所言"硙碎"为石磨，这是对磨豆之磨的要求；清人顾蔚庐所言"山泉酿豆腐，味至淡而有余芳，非寻常井水可比也"，这是对水的要求。另外，因食用习惯差异，南北方点浆选料各不相同，北方常用盐卤，点出的豆腐水分小，韧性大；南方喜选石膏，点出的豆腐水分大，口感嫩滑。

豆腐经过不同的加工手段，产物也各自不同，比如豆浆在熬煮时，挑起表面形成的薄膜，挂起晾干后即豆筋。也有说法是最先被挑起的薄膜口感滑腻，成大块片状，为豆腐皮；其下挑起的挂起后呈条状，为腐竹。以少量盐卤点入煮开的豆浆，静置后得到比豆腐口感软嫩的豆花，北方多称之为豆腐脑。将豆腐脑舀进木质托盆，盛满后用包布包起，压上木板，即得到豆腐。这个步骤可通过控制残留水分得到不同产品，如在木板上压以青石等重物，可得到豆腐干。豆腐切成小块经高温油炸后，外表金黄，内里因水分脱干呈海绵状，即豆腐泡。

把豆腐冷冻，其中的水分结成冰后体积增大，会将豆腐内部撑出一个个孔洞，待冰融化之后，豆腐内外都会出现蜂窝状小洞，这种豆腐常被称为冻豆腐。朱彝尊《食宪鸿秘》中记，"严冬，将豆腐用水浸盆内，露一夜。水冰而腐不冻，然腐气已除"，用这种方法可将豆腥味去除。还有最直接的法子，"不用水浸，听其自冻，竟体作细蜂窠状"。

如将小块豆腐先用盐腌渍，再加上把黄豆蒸煮冷却后制成的豆曲，或者在小块豆腐中混入毛霉菌，浸以盐水发酵腌坯，可制成豆腐乳。因各地调味手法不同，所做的豆腐乳亦有差异：北方大多红色偏甜；南方以黄白色，辛香或酒香为主。明末，豆腐乳已颇为普及，《食宪鸿秘》中即记有不少豆腐乳的名称和制法。清代李化楠撰《醒园录》载："豆腐乳法（腌制腐乳）：将豆腐切成方块，用盐腌三四天，出晒两天，置蒸笼内蒸到极熟，出，晒一天，和面酱，下酒少许，盖密晒之或加小茴末和晒更佳。"

清薛宝辰撰《素食说略》中称，"豆腐作法不一，多系与他味配搭，不赘也"，因而只列举了豆腐的几种简易烹食方法："一切大块入油锅炸透，加高汤煨之，名炸煮豆腐。一不切块，入油锅炒之，以铁勺搅碎，搭芡起锅，名碎馏豆腐。一切大块，以芝麻酱厚涂蒸过，再以高汤煨之，名麻裹豆腐。一切四方片，入油锅炸透，加酱油烹之，名虎皮豆腐。一切四方片，入油锅炸透，搭芡起锅，名熊掌豆腐。均腴美。至于切片以摩菇或冬菜或春菜同煨，则又清而永矣。"《山家清供·东坡豆腐》篇则颇为简略："豆腐，葱油煎，用研榧子一二十枚和酱料同煮。又方，纯以酒煮。俱有益也。"对豆腐的烧制也是简单至极，榧子为香榧树果实，不仅具有杀虫消积、润燥通便的功效，而且是一味调味剂。用不到三十字，就介绍了豆腐的两种做法：豆腐用葱油煎后或加调味料和酱料炖煮，或只用酒煮。"俱有益"体现出做出来的豆腐不仅口味佳，而且对健康有益。葱煎豆腐至今仍属于南方家常菜范畴，先将葱段在开水中焯至半熟备用，再把豆腐下锅煎至微黄，加入葱段、盐、酱油、糖，翻炒后略炖，便可出锅。

《山家清供》中的东坡豆腐是否真为苏东坡所创，无从知晓。陆游《老学庵笔记》卷七中记有一则故事：某次，苏东坡与友人去拜会仲殊长老，仲殊长老喜欢吃蜜（苏东坡曾为他作《安州老人食蜜歌》），待客的食物自然"所食皆蜜也，豆腐、面筋、牛乳之类，皆渍蜜食之"，因而"客多不能下箸"，而苏东坡则"性亦酷嗜蜜，能与之共饱"。苏东坡还曾作有"煮豆为乳脂为酥"之句，虽然不能证明东坡豆腐为其所创，但至少也能看出苏东坡对于豆腐并不排斥。

宋时，豆腐的制售颇为平常，洪迈《夷坚志》、吴自牧《梦粱录》中均有相关题材的记述。其烹制方法更是可简可繁、可俗可雅，南宋陈达叟撰《本心斋蔬食谱》中有"今豆腐条切淡煮，蘸以五味"，可谓豆腐的诸多做法中较省事的。《山家清供》中有《雪霞羹》一篇：

> 采芙蓉花，去心、蒂，汤瀹之，同豆腐
> 煮。红白交错，恍如雪霁之霞，名"雪霞羹"。
> 加胡椒、姜，亦可也。

将芙蓉花去掉花心、花蒂，在开水中焯一下，再与豆腐同煮，或者再加入胡椒、姜。芙蓉花凉血解毒，豆腐清热润燥，两者结合，不仅赏心悦目，而且有益气和中的药用之功。据说朱熹不吃豆腐，原因是清梁章钜《归田琐记》卷七中说，"初造豆腐时，用豆若干，水若干，杂料若干，合秤之，共重若干，及造成，往往溢于原秤之数"，朱熹觉得这很不合逻辑，"故不食"。

日常食用豆腐，追求的更多是口味佳，不过，其做法同样有繁简之分。《水浒传》第三十九回"浔阳楼宋江吟反诗　梁山泊戴宗传假信"中，宋江在浔阳楼酒醉题反诗，被蔡九知府命人捉拿，戴宗前往梁山送信，在朱贵的酒肆中了蒙汗药，下酒菜便是麻辣煸豆腐，想来此菜与流传至今的麻婆豆腐类似。而《射雕英雄传》第十二回"亢龙有悔"里，黄蓉为了让洪七公为郭靖传授降龙十八掌，特地精制了一道名为"二十四桥明月夜"的蒸豆腐，此处金庸写道"那豆腐却是非同小可，先把一只火腿剖开，挖了廿四个圆孔，将豆腐削成廿四个小球分别放入孔内，扎住火腿再蒸，等到蒸熟，火腿的鲜味已全到了豆腐之中，火腿却弃去不食"，这二十四个鲜美的豆腐球，除了口味绝佳，令洪七公食指大动，更隐约通过黄蓉的烹饪手法显出她家传武功的精妙卓绝："要不是黄蓉有家传'兰花拂穴手'的功夫，十指灵巧轻柔，运劲若有若无，那嫩豆腐触手即烂，如何能将之削成廿四个小圆球？这功夫的精细艰难，实不亚于米粒刻字、雕核为舟，但如切为方块，易是易了，世上又怎有方块形的明月？"

清袁枚《随园食单》中所记一味冻豆腐的烹制手法，比小说中黄蓉的豆腐做法复杂得多，可谓现实版的非比寻常："将豆腐冻一夜，切方块，滚去豆味，加鸡汤汁、火腿汁、肉汁煨之。上桌时，撤去鸡火腿之类，单留香蕈、冬笋。豆腐煨久则松，面起蜂窝，如冻腐矣。"同书中另录有一味"王太守八宝豆腐"，其做法更是别出心裁："以豆腐嫩片切碎，加香蕈屑、蘑菇屑、松子屑、瓜子仁屑、鸡肉屑、火腿屑，同入浓鸡汁中，烧滚起锅，腐脑亦可，用瓢不用箸。"如此炮制出的豆腐，味道一定是不错的，只是豆腐之形恐不存。在这段话后面，还补记这种烹制方法源于康熙皇帝赐给宠臣、藏书家徐乾学的食方。徐乾学去御膳房取方时，给了御膳房管事一千两银子。为官清廉且才干过人的宋荦，曾做江苏巡抚十四年，康熙皇帝南巡时，他侍奉周到，故深受恩遇。康熙皇帝传旨说："朕有日用豆腐一品，与寻常不同。因巡抚是有年纪的人，可令御厨太监传授与巡抚厨子，为后半世受用。"

《随园食单》中还录有数种菜名含有人名。如"蒋侍郎豆腐"，其做法是："豆腐两面去皮，每块切成十六片，晾干。用猪油热灼，清烟起才下豆腐，略洒盐花一撮，翻身后，用好甜酒一茶杯、大虾米一百二十个；如无大虾米，用小虾米三百个，先将虾米滚泡一个时辰，秋油一小杯，再滚一回，加糖一撮，再滚一回，用细葱半寸许长一百二十段，缓缓起锅。"再如"杨中丞豆腐"，其做法是：嫩豆腐入沸水煮，以去其豆腥气，加入鸡汤、鲍鱼片，一同炖煮，起锅前加入香菇、甜糟和麻油制成的糟油。同时，这道菜要求"鸡汁须浓，鱼片要薄"。想来此菜虽看起来颜色华丽，与豆腐本应具有的清白特性却已大相径庭了。

食蟹之趣

先人对蟹的记述，可以追溯到先秦时期。《礼记·檀弓下》有"蚕则绩而蟹有匡"之言，而在《荀子·劝学》中，为了衬托蚓之专，蟹则成了反面典型："蟹六跪而二螯，非蛇蟮之穴无可寄托者，用心躁也。""六跪"历来引得后世众说纷纭，毕竟平常我们极少有机会见到帝王蟹那种六足巨物，且帝王蟹为石蟹科甲壳生物，严格来说并不能真正算作蟹类。鲁迅曾说第一个吃螃蟹的人是很令人佩服的，这样的人可称为"勇士"。

沈括在《梦溪笔谈》中说，关中无蟹，那里的人偶尔见到这种状貌奇怪的生物，视之为怪物。人们认为怪物有制伏怪物的本领，便把干蟹壳悬于门楣，以求驱邪避灾；尤其家中有突发疾病者，会想方设法把干蟹壳悬于门户。沈括自是不认为在门楣上悬挂干蟹壳有如此神奇的作用，为此还幽了一默，称"不但人不识，鬼亦不识也"。无论如何，对于看见蟹都觉得可怖的人来说，食蟹绝对是件令人匪夷所思的事，这是受地域所限。对于临江沿海那些产蟹之地的人来说，蟹自是司空见惯之物。第一位食蟹的勇士姓甚名谁已不可考，但螃蟹被用作食材，至少有三千余年的历史了。

《周礼·天官·庖人》中记，"庖人掌共六畜、六兽、六禽，辨其名物。凡其死生鲜薨之物，以共王之膳，与其荐羞之物及后、世子之膳羞"。东汉郑玄作注："荐羞之物，谓四时所膳食，若荆州之鱼，青州之蟹胥。"东汉刘熙《释名·释饮食》有言："蟹胥，取蟹藏之，使骨肉解，胥胥然也。""胥胥"为形容松散的状态，故晋吕忱《字林》中直接解释"蟹胥"为"蟹酱"。这里的蟹或为海蟹。东汉郭宪撰《洞冥记》中，称汉武帝时，善苑国曾进贡来一只百足四螯的九尺巨蟹，故名百足蟹。如此巨蟹，也见于《太平御览》引《岭南异物志》所记："尝有行海得州渚，林木甚茂，乃维舟登崖，系于水旁，半炊而林没于水，其缆忽断，乃得去，详视之，大蟹也。"如此巨型海蟹，自然非寻常百姓所能食用。人们常吃的，还是江河所产之淡水蟹。

《国语·越语下》中记，春秋时，勾践与范蠡商

[宋]佚　名　荷蟹图
故宫博物院　藏

议灭吴大计，勾践急于雪耻，因吴国"稻蟹不遗种"，因而觉得是出兵良机。范蠡的意见则是吴国"天应至用处，人事未尽也"，所以请勾践"姑待之"。后世对于"稻蟹"二字有多种理解，不少人认为其意为螃蟹肆虐稻田，以致吴国粮食欠收。若吴国确实曾经螃蟹泛滥，百姓是如何对抗蟹灾的，史籍中并没有更翔实的记录。

《世说新语·任诞》中记，毕茂世云："一手持蟹螯，一手持酒杯，拍浮酒池中，便足了一生"。毕茂世为毕卓，东晋时新蔡铜阳（今安徽临泉铜城）人。少有才名，不拘礼法，嗜酒。东晋元帝太兴末年曾任吏部郎。据说有一次他大醉后去盗饮邻人之酒，结果被缚于酒瓮边。《晋书·毕卓传》中亦记，毕卓"尝谓人曰：'得酒满数百斛船，四时甘味置两头，右手持酒杯，左手持蟹螯，拍浮酒船中，便足了一生矣。'"那时的酒非今日常见的烈性白酒，多为自然发酵的米酒或果酒。至于高度酒，一说元时始有，一说唐时便已出现。毕卓生活的时代，无论如何酒的度数是不会很高的。这里着重说说与酒相配的食物——蟹。文中并未提及蟹螯的加工方法，不知是否为后世最常用的清水煮食法。

一说魏晋时有名菜"鹿尾蟹黄"，不知具体烹饪方法如何。宋陶谷《清异录》中记，隋炀帝巡幸江都时，吴中进贡的美食中，即有"糟蟹""糖蟹"。糟蟹大体做法为，在清水中加入糟汁、盐、葱、姜、陈皮、花椒、酒等，下锅煮开，静置，待凉透后倒进事先放有雌蟹的坛中，三至七天后即可食用，且耐贮藏。糖蟹同样取洗净的雌蟹入坛，坛中有冷糖水、蓼盐汤，密封。据说进献给隋炀帝的糖蟹上，壳面贴有金丝龙凤花，名"缕金龙凤蟹"，以示华贵吉祥。《新唐书·地理志》中亦记"沧州土贡糖蟹"。宋时，食蟹已为极其普遍之事。会稽（今浙江绍兴）人傅肱撰有《蟹谱》二卷，分总论、上篇和下篇，分别介绍蟹的种类、名称、形状、习性及有关蟹的典故和饮食。后高似孙撰《蟹略》四卷，补充《蟹谱》，除了介绍蟹的食用、贮藏方法，还有数十首与蟹相关的诗词赋咏。

　　《天津卫志》中说蟹"秋间肥美，味甲天下"，随着地理、气候不同，各地蟹的品种不一，但食蟹的时机大抵一样，都是农历九十月间。入秋之后，无论河蟹、海蟹，多是九月雌蟹有黄，十月雄蟹有膏。至于食蟹的部位，因各人喜好不同也多有不同，如依《世说新语》或《晋书》所记，毕卓喜食蟹螯。《山家清供》中专有《持螯供》篇，先介绍蟹因产地不同，性味不同，蟹"生于江者，黄而腥；生于河者，绀而馨；生于溪者，苍而青"。即生在江中的蟹颜色发黄且有腥气；

生在河中的蟹近似天青色，肉质鲜美；生在小溪中的蟹苍灰色，灰中带青。在这里，林洪简要说出了因水质不同导致蟹在性状味道的分别。清李斗《扬州画舫录》中称"蟹自湖至者为湖蟹，自淮至者为淮蟹。淮蟹大而味淡，湖蟹小而味厚，故品蟹者以湖蟹为胜"。近代医家施今墨直接将蟹按品质分为六等：湖蟹第一，江蟹第二，河蟹第三，溪蟹第四，沟蟹第五，海蟹最末。排名第一的湖蟹从前又以太湖所产为佳，《蟹略》中称"蟹系生于吴"；清金友理纂述十六卷《太湖备考》中称："出太湖者，大而色黄、壳坚，胜于他产，冬日益肥美，谓之十月雄。"

林洪曾经的同窗钱震祖，回到吴门老家后靠文墨为生。某年秋日，林洪去拜望他，逗留了十几天。两人饮酒论文快意非常。每天的下酒菜中，螃蟹必不可少。林洪在《山家清供·持螯供》篇记录了这桩快事。钱震祖每天都要去集市上买回新鲜螃蟹，选大个儿母蟹放在醋中烹煮，并加入葱和芹菜调味，煮好后将螃蟹仰面朝天摆在桌上，待不那么烫手，即一人拿起一只，大快朵颐。林洪对此举仍以毕卓之典感叹说："何异乎拍浮于湖海之滨。"林洪还说，不是说一般的厨子烹制螃蟹的方法不好，而是怕那样会失掉螃蟹自身的真味。只借助橙子、醋之类调味的简易制法才能调和并突出螃蟹所特有的风味。钱震祖还专有歌诀记下食蟹之趣："团脐膏,尖脐螯。秋风高,团者豪。请举手,不必刀。羹以蒿,尤可饕。""蟹所恶,惟朝雾。实筑筐,噀以醋。虽千里,无所误。因笔之,为蟹助。"此种清雅恬淡与痛快淋漓,非世间凡俗所能体会。

宋元时期,煮蟹颇为常见。元倪瓒《云林堂饮食制度集》中记录的煮蟹方法是,将湖蟹与生姜、紫苏、桂皮、盐等同煮,待水开之后将蟹逐个儿翻面,再用大火煮开,就可以出锅了。煮蟹最好随煮随吃,如果是一个人吃,不妨先煮两只,吃完之后要是意犹未尽,可以再煮。估计是怕一次煮得多了,蟹凉后腥气加重。

食蟹往往以橙子或醋调味。《山家清供·蟹酿橙》篇记录了直接将蟹肉与橙子同制的方法,即选用带有短枝的大个儿熟透的橙子,把顶部连着枝切去,以切口开一洞,仔细将橙子肉剜净,只余下少许橙汁,再将蟹黄、蟹肉放入,塞满,最后把带着枝的顶部如盖子一般盖上。把它们放入蒸锅,用混有醋、酒的水蒸熟,吃的时候根据个人口味佐以盐和醋,味道鲜美香甜,食之兼有新酒、菊花、香橙、螃蟹的美味。"蟹酿橙"在当时应该是一道在宫廷、民间都备受欢迎的菜,据说南宋某皇后归省时,皇帝赐筵十四盏,其中第八盏即为蟹酿橙;张俊也曾为宋高宗进奉蟹酿枨、洗手蟹、蟹清羹等蟹馔。

在介绍了蟹酿橙的做法之后，林洪补记了危稹赞蟹之语："黄中通理，美在其中；畅于四肢，美之至也。"此语自是有玩笑成分，因其出处为《周易·坤》："君子黄中通理，正位居体，美在其中，而畅于四支，发于事业，美之至也。"孔颖达《正义》对此段的解释是："黄中通理"，五色中黄色居中，兼四方之色；"正位居体"，居中得正，是正位，且又居于体中，可称居体，故而"美在其中"。既然美在其中，那么外在表现自然通达顺畅，"畅于四支"，可表示人之手足，也可引申为四方物务。内外条件兼备的情况下，自然可以成事建业，最终为至美之举。而危稹借其字面之意，"黄中通理"褒扬蟹黄，"美在其中"言蟹既有形之美，又有味之美；其美味直"畅于四肢"，使蟹螯、蟹腿的肉也显得美味无比。林洪初闻此语，定是被危稹的机智诙谐惹得捧腹大笑。

危稹字逢吉，号巽斋，又号骊塘。抚州临川（今属江西）人。以文章卓著为洪迈、杨万里所赏识，荐为秘书郎，改著作郎、屯田郎官。宋宁宗嘉定年间，柴中行因与宰相政议不合被外放，危稹作诗相送，因而被牵累出知潮州，后又知漳州。危稹曾创立龙江书院，并著有《巽斋集》。林洪专门记下危稹的玩笑话，不知是否有对危积之忠致敬之意。

　　蟹螯尖利，贪食者自免不了为其所伤。《清异录》中记"卢绛从弟纯，以蟹肉为一品膏，尝曰：'四方之味，当许含黄伯为第一。'后因食二螯夹伤其舌，血流盈襟。绛自是戏呼蟹为夹舌虫"。食蟹竟然到鲜血直流的程度，也着实令人叹为观止。但这丝毫影响不了世人嗜好食蟹的热情，这也促进了食蟹工具的出现和发展。清人瀛若氏所撰《三风十愆记》中，专记宋明淫侈之风的《记饮馔》部分，记有江苏常熟有个叫周四麻子的人创制出一种新的食蟹方法，时人称之为"爆蟹"，即先将蟹上屉蒸熟，再置于炭火上烤，同时淋以甜酒、麻油。过不多时，只听一阵噼噼啪啪响，蟹螯与蟹腿上的硬壳便自然爆裂开来，与蟹肉分离。至于腹部的脐，亦是尽数裂开，用筷子轻轻一挑，白嫩的肉即会脱落，只需佐以姜、醋，"虽百螯片刻可尽"；这可说是周四麻子食蟹技巧独特，后来其他人依样画葫芦，照此手法施行，虽然螃蟹都烤焦了，但其壳与肉还是难以分离。于是有消息说，周四麻子烤蟹时虽宣称淋的是芝麻油，其实淋的是蛇油，这蛇油取自他春夏间捕获的数千条蛇，将蛇剥皮煮烂后，舀取上面一层蛇油，只有用这种蛇油淋烤蟹，才会使其壳、肉分离。台湾作家高阳在《古今食事》中引述过此种食蟹法，但老饕更喜欢亲自动手，将螃蟹带壳清蒸，亲身体验品尝食蟹之趣，故而食蟹自有一套精致的工具，并从最初的三件演化到后来江南一带的"蟹八件"。一开始，食蟹的工具仅为小刀、小锤和小钳子。《三风十愆记·记饮馔》部分另记有食蟹三件工具的起源："于是邑中仍兴食蒸蟹会，始自漕书及运弁为之，每人各有食蟹具，小锤一、小刀一、小钳一。锤则击之，刀则划之，钳则搜之。以此便易，恣其贪饕，而士大夫亦染其风焉。"漕书为专收漕粮的书办，云弁是押运漕船的军士，他们收入颇丰，故而无形中影响了诸多士大夫的饮食趣味。后来的食蟹八件，基本包括以下这些工具：敲松蟹壳以便掀蟹盖的圆锤，掀开背壳和肚脐的长柄斧，或剔或捅蟹腹蟹腿肉的蟹针，刮下蟹膏蟹黄的长柄勺，剔除蟹鳃蟹胃的镊子，剪下蟹腿蟹螯的剪刀，盛放蟹盖等废料的小盆，类似小方桌的操作台，即剔凳。也有的食蟹八件则以长柄铲替代小盆。据说有些讲究的食客的食蟹工具多达十件、十二件乃至六十四件，因此其具体工具及用途，难有定论。

明清时，食蟹之风丝毫无减，明蒋之翘撰《天启宫词》中，录有一首宫词："秋深御宿禁梨霜，酒泛缥醪月转廊。纤玉剥残双郭索，落花舞蝶唾生香。"其后附注"八月，宫中进蒸蟹，用指甲挑肉净尽，以胸骨八跪完整，或列为花，或缀为蝶，以示巧。唐武后时，季秋梨花杜相曰'阴阳渎则为灾'"。明万历时善书能文的宦官刘若愚，更是撰有详记万历、天启两朝廷争及宫闱之事的《酌中志》，成为记录宫廷食蟹趣味的最可靠资料，其中说："凡宫眷内臣吃蟹，活洗净，用蒲色蒸熟，五六成群，攒坐共食，嬉嬉笑笑。自揭脐盖，细细用指甲挑剔，蘸醋蒜以佐酒。或剔蟹胸骨，八路完整如蝴蝶式者，以示巧焉。食毕，饮苏叶汤，用苏叶等件洗手，为盛会也。"

在诸多食用蟹的方法中，较常见者为水煮蟹。清袁枚称"蟹宜独食"，"最好以淡盐汤煮熟，自剥自食为妙"。李渔则自称以蟹为命：据说他家中四十金口大缸里始终装满螃蟹，用鸡蛋白饲养催肥，且喜用绍兴花雕酒腌制醉蟹，冬天食用；家中专有打理螃蟹的女佣，李渔称之为"蟹奴"。

明清长篇小说中，涉及饮食描写的部分，常有关于食蟹的内容。其中最脍炙人口的是《红楼梦》中三十七至三十九回的众人赴螃蟹宴、赏菊题诗部分。明代世情小说《金瓶梅》第三十五回、第五十八回、第六十一回中，也有与吃蟹相关的情节。第三十五回中，西门庆家的女眷就"吃螃蟹最好配什么酒"议论了几句，吴月娘打算弄些葡萄酒，潘金莲则称"吃螃蟹，得些金华酒吃才好"。然后，专门跟随西门庆混吃混喝的帮闲应伯爵，知道有人送给西门庆螃蟹后，便张口向西门庆讨来吃。西门庆告诉他，那送来的两大包螃蟹已经被女眷吃了个七七八八，剩下的都腌了。随即西门庆令小僮端了两盘子腌蟹上来，顷刻间就被应伯爵和另一个游手好闲的主儿谢希大抢着吃了个精光。腌蟹在元明之际极为流行，元人撰记述家庭生活日用知识的《居家必用事类全集》中，在介绍糟蟹的制法中有歌诀称："三十团脐不用尖，糟盐十二五斤鲜。好醋半升并半酒，可参七日到明年。"清顾仲撰《养小录》中记述了糟蟹的做法，字句略有出入："三十团脐不用尖，老糟斤半半斤盐。好醋半斤斤半酒，入朝直吃到明年。"另有民间歌谣说："十八团脐不用尖，半斤米醋半斤盐，四两糖饧斤半酒，吃到来年二月天。"此数种均朗朗上口。即便是不会腌制螃蟹的人，只要背熟了这配料数量表，也能很快上手操作。《金瓶梅》第五十八回中提到，吴月娘花三钱银子买的螃蟹，就足够众人吃一日，可见螃蟹在当时极为常见。第六十一回里则记述，常时节为了答谢西门庆，专门让妻子做了一道"螃蟹鲜"，即选四十只大螃蟹，"都是剔剥净了的，里边酿着肉，外用椒料、姜蒜米儿、团粉裹就，香油炸，酱油酿造过，香喷喷酥脆好食"。

吴大舅尝过之后感慨："我空痴长了五十二岁，并不知螃蟹这般造作，委的好吃！"这样烹制出的螃蟹味道固然很好，只是原味尽失。

如果说《金瓶梅》中所述食蟹场面洋溢着市井气息，那么《红楼梦》中所述螃蟹宴中的场景则时时显出豪门贵胄、书香门第的雅韵。大观园诸姐妹在秋爽斋结海棠社之后，史湘云便与薛宝钗计议着如何设宴庆贺。薛宝钗说自家商号有伙计送了不少好螃蟹，正好府上不少人爱吃，不如让伙计送几篓来。自此，引出大观园内的螃蟹宴，地点选在藕香榭，书中描述藕香榭"盖在池中，四面有窗，左右有曲廊可通，亦是跨水接岸，后面又有曲折竹桥暗接"，那儿不仅临水，而且不远处还有两棵开得正好的桂花树。选定螃蟹宴地点的同时，也预先交代人备下清茶热酒。此次螃蟹宴的主菜是笼蒸清水大螃蟹，有七八十斤，刘姥姥感慨其花费足够庄稼人过一年。按凤姐吩咐，蒸好的蟹就放在笼中，每次只送上十来个，随吃随拿；各人的吃法也不同，或剔或掰，各自随心，要的就是热闹自在。

食毕，众人用"菊花叶儿、桂花蕊熏的绿豆面子"洗了手，长辈离席后，贾宝玉等人先是赋诗咏菊，兴之所至，索性"复又要了热蟹来，就在大圆桌子上吃了一回"，这才引出多首螃蟹咏。贾宝玉抢先题道："持螯更喜桂阴凉，泼醋擂姜兴欲狂。饕餮王孙应有酒，横行公子却无肠。脐间积冷馋忘忌，指上沾腥洗尚香。原为世人美口腹，坡仙曾笑一生忙。""无肠公子"一说出自晋葛洪《抱朴子·登涉》："称雨师者，龙也；称河伯者，鱼也；称无肠公子者，蟹也。"后来"无肠公子"便成了蟹的代称。唐人唐彦谦诗有"无肠公子固称美，弗使当道禁横行"、宋陆游诗有"旧交髯簿久相忘，公子相从独味长，醉死糟丘终不悔，看来端的是无肠"等句，"无肠公子"之称即来源于《抱朴子·登涉》。林黛玉对贾宝玉此诗的评价却是："这样的诗，要一百首也有。"她所赋下的诗是："铁甲长戈死未忘，堆盘色相喜先尝。螯封嫩玉双双满，壳凸红脂块块香。多肉更怜卿八足，助情谁劝我千觞。对斯佳品酬佳节，桂拂清风菊带霜。"题毕，宝玉正喝彩，不想黛玉却"一把撕了，令人烧去"。宝钗随后题下一首："桂霭桐阴坐举觞，长安涎口盼重阳。眼前道路无经纬，皮里春秋空黑黄。酒未敌腥还用菊，性防积冷定须姜。于今落釜成何益，月浦空余禾黍香。"众人在宝钗题至一半时即已连声叫好，待宝钗题毕，纷纷说这首诗是"食螃蟹绝唱"了。

这数篇螃蟹咏，旨在借物喻人，讽刺意味极浓。饮食在果腹之余，还可怡情。若要硬生生地附加许多教化之意，就显得沉重了。倒不如像林洪记危稹的玩笑话那样，姑妄言之，姑妄听之，姑妄食之，姑妄乐之；如此这般罢了。

食之味

　　法国画家高更晚年时极度迷茫，创作出《我们从何处来？我们是谁？我们往何处去？》，他的这个三段论式的哲学命题早在两千多年前就由东方的圣人给出了答案，不过，类似的有关生活的问题"我们为什么要吃？我们吃什么，怎么吃？我们吃下去后会怎样"，则屡屡被提起，亦屡屡被忽视。

　　我们为什么要吃？《礼记·礼运》中说："饮食男女，人之大欲存焉。"《孟子·告子上》中说"食、色，性也"；《荀子·性恶》中说"今人之性，饥而欲饱，寒而欲暖，劳而欲休，此人之情性也"。不可否认，肚子饿了自然要吃，吃是人的本能。而吃东西的本质是为了维生，至于吃什么，人们可选择的余地就很大。《道德经》第十二章说"五色令人目盲，五音令人耳聋，五味令人口爽"，其中"爽"有多种意思，这里当是取其略含贬义的"违背,差失"。甜、酸、苦、辣、咸五味过于浓烈,不但会使口味伤败,而且会令人产生痴迷与执着,使人在强烈欲望的唆使下做出有违天道的举动。因此,老子提倡圣人的治理教化,当使民众"虚其心,实其腹,弱其志,强其骨",达到"无知无欲"状态。不难看出,老子希望世人能以平和持中的态度对待饮食,既可以"实腹",又要避免"口爽"。对于如何把握这个度,晋葛洪《抱朴子·内篇·极言》中说:"不欲极饥而食,食不过饱;不欲极渴而饮,饮不过多。"明龙遵敍撰《饮食绅言》更进一步点出"养生之要应为俭食,俭食可以宽胃,宽胃可以养气,养气可以延年"。

《荀子·王制》中说"君者,舟也;庶人者,水也。水则载舟,水则覆舟",后来这个说法被魏徵引用,以劝谏唐太宗。水与舟的关系,不仅适用于形容君主与臣民之间的关系,同样可以用于形容食物与人之间的关系。适量的食物与适当的搭配,可以为人提供赖以生存的能量;反之,则可能侵害人的健康。清朱彝尊在《食宪鸿秘》中说:"食不须多味,每食只宜一二佳味。纵有他美,须俟腹内运化后再进,方得受益。若一饭而包罗数十味于腹中,恐五脏亦供役不及。而物性既杂,其间岂无矛盾?亦可畏也。"晋傅玄所言"病从口入，祸从口出"，即是指此。

纵观《山家清供》全书，林洪均以亲身感受或实际经历表达了自己的饮食观，诸篇涉及食材大都为山野素食，肉类所耗笔墨极少。在《玉带羹》篇结尾，更是借莼菜竹笋羹道出自己对饮食环境的要求："是夜甚适。今犹喜其清高而爱客也。"在以"清"字为主题的各篇章之中，体现出他生活中的悠闲与淡泊。

《红楼梦》第四十一回"贾宝玉品茶栊翠庵　刘姥姥醉卧怡红院"中，贾母带刘姥姥去栊翠庵，妙玉为贾母和刘姥姥奉上茶后，拉着宝钗与黛玉去耳房，宝玉悄悄跟去，这才因妙玉为他找出"九曲十环一百二十节蟠虬整雕竹根的一个大盉"为茶器，引来一番讥笑："你虽吃的了，也没这些茶你糟蹋。岂不闻'一杯为品，二杯即是解渴的蠢物，三杯便是饮牛饮骡了'。"妙玉的这番话可算作吃茶的三个阶段和三种境界。

清朱彝尊所撰《食宪鸿秘》中提到三类人，他们的饮食方式可谓代表了饮食的三种境界："一哺啜之人：食量本弘，不择精粗，惟事满腹，人见其蠢，彼实欲副其量，为损为益，总不必计。一滋味之人：尝味务遍，兼带好名。或肥浓鲜爽，生熟备陈，或海错陆珍，诶非常馔。当其得味，尽有可口，然物性各有损益。且鲜多伤脾，炙多伤血之类。或毒性不察，不惟生冷发气而已。此养口腹而忘性命者也。至好名费价而味食无足取者，亦复何必？一养生之人：饮必好水，饭必好米，蔬菜鱼肉但取目前常物。务鲜、务洁、务熟，务烹饪合宜。不事珍奇，而有真味。不穷炙爆，而足益精神。省珍奇烹炙之赏，而洁治水米及常蔬，调节颐养，以和于身。地神仙不当如是耶？"

这段话并不难懂。"哺啜"一词见于《孟子·离娄上》第二十五章："孟子谓乐正子曰：子之从于子敖来，徒哺啜也。我不意子学古之道，而以哺啜也。"哺为吃，啜为喝；哺啜之人自然只要求填饱肚子，胡吃海塞间并不顾及吃下去的东西是好是坏，徒有量的需求，不顾质的好坏；这样的吃法自然有其害处。《饮食绅言》中说："多食之人有五苦患：一者大便数，二者小便数，三者饶睡眠，四者身重不堪修业，五者多患食不消化，自滞苦际。"热衷于美食之人恨不得尝遍天下美味，其中也不乏自我满足、虚荣的成分。四处寻觅并花了大价钱，吃下去的东西却未必对身体有益，这又是何苦来？真正懂得养生的人，则不会去追求珍异，只吃日常的饭菜，但所选择的米、果、蔬等食材都是新鲜干净的，且采用对身体有益的搭配及烹制方法，这才不辜负食物的"真味"。

这里的"味"或有两种含义：具象的味道与抽象的体味。

近代饮食注重色、香、味俱全。唐白居易在《荔枝图序》中，最早将色、香、味并列用以描述荔枝，云："……朵如葡萄，核如枇杷，壳如红缯，膜如紫绡，瓤肉莹白如冰雪，浆液甘酸如醴酪，大略如彼，其实过之。若离本枝，一日而色变，二日而香变，三日而味变，四五日外，色香味尽去矣。"宋时，色、香、味的描写方式被延展开，也用来形容酒类，后来更是被用于形容菜品，并慢慢被世俗化为单纯的感官刺激，耳目之欢纠缠着口腹之欲。宋司马光在《训俭示康》一文中，面对当时流行的奢靡之风，忆起从前他的父亲任群牧司的判官时，"客至未尝不置酒，或三行、五行，多不过七行。酒酤于市，果止于梨、栗、枣、柿之类；肴止于脯、醢、菜羹，器用瓷、漆"。没有谁会觉得这样的待客方式是吝啬的表现，反而体现出"会数而礼勤，物薄而情厚"；而司马光观当时士大夫家宴客，"酒非内法，果、肴非远方珍异，食非多品，器皿非满案，不敢会宾友，常量月营聚，然后敢发书。苟或不然，人争非之，以为鄙吝"。他对此痛心疾首，但亦只能徒发感慨，"风俗颓弊如是"。场面大了，内涵自然就要减少。《论语·乡党》中"食不厌精，脍不厌细"注重的是礼法，并不注重水陆良品毕备、异品珍馐皆全的形式，真正懂得美食的人，自然知道从外在摄入适时的杂粮果蔬，内在时时注重修性养德，方是食之真味之所在。

饮 · 馥

俯饮一杯酒，仰聆金玉章

　　矿物学上对于玉的分类，习惯上遵循法国矿物学家德穆尔的标准，分软玉和硬玉两种，诸如和田玉、岫玉、南阳玉等属于软玉，翡翠则属于硬玉。然华夏文明中对于玉的认识，绝非简单的理化归类那么简单，《说文解字》中称玉为"石之美者"；《五经通义》云玉有五德：其锐而不害称仁，抑而不挠为义，垂之如坠是礼，温润光泽为智，内里有瑕必见于外是信；《礼记》中在玉原有的五德中又增加了乐、忠两项，合为七德；《周礼》中记，祭拜天地四方的瑞器当由不同颜色的玉制成，苍璧礼天，黄琮礼地，青圭礼东，赤璋礼南，白琥礼西，玄璜礼北；《说苑》称玉有六美，《白虎通义·考黜篇》云："玉者，德美之至也。"由此不难看出，在传统文化中，玉早已超出了自身形貌的意义，引申为极具人文色彩的精神象征。

这里且不言《诗经·小雅·鹤鸣》中所言"它山之石，可以攻玉"，或《老子·九章》中所称"金玉满堂，莫之能守"的玉石本身，也略过《诗经·国风·秦风·小戎》"言念君子，温其如玉"，或曹植《妾薄命》"携玉手，喜同车"的引喻，只通过《山家清供·蓝田玉》篇，浅叙古人食玉之点滴细末：

> 汉《地理志》：蓝田出美玉。魏，李预每羡古人餐玉之法，乃往蓝田，果得美玉种七十枚，为屑服饵，而不戒酒色。偶疾笃，谓妻子曰："服玉，必屏居山林，排弃嗜欲，当大有神效。而我酒色不绝，自致于死，非药过也。"
>
> 要之，长生之法，能清心戒欲，虽不服玉，亦可矣。今法：用瓠一二枚，去皮毛，截作二寸方片，烂蒸，以酱食之。不须烧炼之功，但除一切烦恼妄想，久而自然神气清爽，较之前法，差胜矣。故名"法制蓝田玉"。

本篇介绍的饮食极为简洁，作为主料的瓠瓜是一种长形葫芦，嫩时可供食用，老时可为盛物器。《庄子·逍遥游》中"魏王贻我大瓠之种，我树之成而实五石"说的便是这种植物。在林洪那里，则是将瓠瓜削皮，切成两寸见方的小块儿，然后小火慢蒸至烂熟，再蘸着酱吃。在林洪看来，吃这种蒸瓠瓜与修道之人食玉服丹一样，都能令人尽去妄念、摈弃烦恼，达到心境澄明、神清气爽的境界。而在具体实施方法上，蒸瓠瓜可远比采药炼丹简便易行多了，因此，林洪给这道菜起名为"法制蓝田玉"。

在正式引出这道菜之前，林洪先讲了个故事：北魏李预渴慕古人食玉而得长生，便一心希望寻觅美玉如法炮制。果然，他在蓝田觅得七十块心中理想的玉石，于是悉心磨制成玉屑，不时就要吃下一些。但李预对于酒色的迷恋丝毫没有减弱，后他果生大病。李预意识到症结所在，遂告诉妻子，自己生病并不是服食玉石没有效果，而是修道之人本应隐居山林，以去除杂念、削减私欲为根本，至于服食玉石，只是辅助手段，因此自己没有从服玉中得到什么好处，也在情理之中。

相信有不少人是从李商隐《锦瑟》中"蓝田日暖玉生烟"一句了解了一点儿蓝田玉的知识。蓝田产玉，在《汉书·地理志》中有记："蓝田，山出美玉，有虎候山祠，秦孝公置也。"在文学作品中，关于蓝田产玉的记载更是屡见不鲜，如班固《西都赋》："陆海珍藏，蓝田美玉。"昭明太子萧统《文选·张衡〈西京赋〉》："爰有蓝田珍玉，是之自出。"唐代传奇《裴航》一篇，故事接近尾声时，有"至太和中，友人卢颢遇之于蓝桥驿之西。因说得道之事。遂赠蓝田美玉十斤，紫府云丹一粒"的描写，讲述唐文宗大和年间（827－835），裴航的故旧卢颢在蓝桥驿附近偶遇裴航，问起修道升仙的事情，裴航送给卢颢十斤蓝田美玉以及一粒仙丹。

后世更是常常以蓝田玉入典：南朝宋裴松之注《三国志·吴书·诸葛恪传》时，引晋虞溥《江表传》："恪少有才名，发藻岐嶷，辩论应机，莫与为对。权见而奇之，谓瑾曰：'蓝田生玉，真不虚也。'"《宋书·谢庄传》："〔谢庄〕七岁能属文，及长，韶令美容仪，宋文帝见而异之，……曰：'蓝田生玉，岂虚也哉？'"晋干宝《搜神记》卷十一中，有一则伯雍种玉的故事，由此使种玉延伸出求亲择偶之意。

对于林洪所讲故事中的主人公李预，纪传体北魏史《魏书》在卷三十三中如是说："凤子（李先之子）子预，字元恺。少为中书学生。聪敏强识，涉猎经史。太和初，历秘书令、齐郡王友。出为征西大将军长史，带冯翊太守。积数年，府解罢郡，遂居长安。每羡古人餐玉之法，乃采访蓝田，躬往攻掘。得若环璧杂器形者大小百余，稍得粗黑者，亦篚盛以还，而至家观之，皆光润可玩。预乃椎七十枚为屑，日服食之，余多惠人。后预及闻者更求于故处，皆无所见。冯翊公源怀等得其玉，琢为器佩，皆鲜明可宝。预服经年，云有效验，而世事寝食不禁节，又加之好酒损志，及疾笃，谓妻子曰：'服玉，屏居山林，排弃嗜欲，或当大有神力，而吾酒色不绝，自致于死，非药过也。然吾尸体必当有异，勿便速殡，令后人知餐服之妙。'时七月中旬，长安毒热，预停尸四宿，而体色不变。其妻常氏以玉珠二枚含之，口闭。常谓之曰：'君自云餐玉有神验，何故不受含也？'言讫齿启，纳珠，因嘘属其口，都无秽气。举敛于棺，坚直不倾委。死时犹有遗玉屑数斗，橐盛纳诸棺中。"

李预担心别人将他的死归罪于服玉无效，特地叮嘱不要马上入殓。他去世时正值七月，长安城中酷热非常，然李预的尸体四天都不曾变色。这样的结果是否真的是服玉所致？《新修本草》中记："张华又云：服玉用蓝田谷玉白色者，此物平常服之，则应神仙。有人临死服五斤，死经三年，其色不变。古来发冢见尸如生者，其身腹内外，无不大有金玉。汉制王公葬，皆用珠襦玉匣，是使不朽故也。炼服之法，亦应依《仙经》服玉法，水屑随宜。虽曰性平，而服玉者亦多乃发热如寒食散状。金玉既天地重宝，不比余石，若未深解节度，勿轻用之。"如此，也不难理解为何古人下葬前在尸首口中含玉，或者王公贵胄以金缕玉衣包裹尸身了。

对于古籍中记载的"食玉"，到底是指服食玉屑，还是指食器饰玉，众说纷纭。《周礼·天官·玉府》中记："王齐，则共食玉。"郑玄注曰："玉是阳精之纯者，食之以御水气。郑司农云：'王齐当食玉屑。'"《三国志·魏书·卫觊传》中有"昔汉武信求神仙之道，谓当得云表之露以餐玉屑，故立仙掌以承高露"等记载，基本已将玉在上古时便被磨制成屑以食用的方法清楚地记录下来。

葛洪《抱朴子·仙药》中提及可使人延寿乃至升仙的"上药"中，为首的是丹砂，其次依照顺序是黄金、白银、"诸芝"、"五玉"、云母、明珠、雄黄……其中对于服玉功效的评价是，"玉亦仙药，但难得耳。《玉经》曰：'服金者寿如金，服玉者寿如玉'也。又曰：'服玄真者，其命不极。'玄真者，玉之别名也。令人身飞轻举，不但地仙而已。然其道迟成，服一二百斤，乃可知耳。玉可以乌米酒及地榆酒化之为水，亦可以葱浆消之为粕，亦可饵以为丸，亦可烧以为粉，服之一年已上，入水不沾，入火不灼，刃之不伤，百毒不犯也。不可用已成之器，伤人无益，当得璞玉，乃可用也，得于阗国白玉尤善。其次有南阳徐善亭部界中玉及日南卢容水中玉亦佳"。由此可见，书中不但对服玉的数量有要求，对玉的产地也提出了些许建议。随后，葛洪还举出一个名叫吴延稚的人服玉的反例，吴延稚四处收集了不少玉圭、玉璋、玉环、玉璧，甚至连剑柄剑格上装饰的玉都不放过。在他准备把这些玉器捣碎磨细，和在面粉里吃掉时，葛洪告诫他，万万不可服用这些已经做成器物的玉，那样只会给自己带来灾害，没有一丝一毫好处。

《山海经·西山经》中记："又西北四百二十里，曰密山，其上多丹木，员叶而赤茎，黄华而赤实，其味如饴，食之不饥。丹水出焉，西流注于稷泽。其中多白玉。是有玉膏，其原沸沸汤汤，黄帝是食是飨。是生玄玉。玉膏所出，以灌丹木；丹木五岁，五色乃清，五味乃馨。黄帝乃取密山之玉荣，而投之钟山之阳。瑾瑜之玉为良，坚粟精密，浊泽而有光；五色发作，以和柔刚；天地鬼神，是食是飨；君子服之，以御不祥。"这里提及黄帝曾自食玉膏，并请人一同享用。但在《山海经》中其他提及玉的地方，没有玉可供食用的记述，或许这与黄帝的特殊身份息息相关。这也使得后世多把"服玉"的"服"理解为佩戴。

明李时珍《本草纲目》中引述了前朝多部著作中关于玉的文字，记道："玄真者，玉之别名也。服之令人身飞轻举，故曰：服玄真，其命不极。""（玉屑）主治：除胃中热，喘息烦满，止渴，屑如麻豆服之，久服轻身长年。能润心肺，助声喉，滋毛发。滋养五脏，止烦躁，宜共金银、麦门冬等同煎服，有益。"这些记载都从药理上肯定了食玉有医学效果。但李时珍亦客观评断了单纯服食玉屑的功效："汉武帝取金茎露和玉屑服，云可长生，即此物也。但玉亦未必能使长生不死，惟使死者不朽尔。"仅仅靠着服玉，就冀望达到长生不老的境界，那是绝无可能的。

《古诗十九首》第十三首《驱车上东门》中，有"浩浩阴阳移，年命如朝露。人生忽如寄，寿无金石固。万岁更相迭，圣贤莫能度。服食求神仙，多为药所误。不如饮美酒，被服纨与素"等句，这体现出一种走向另一极端的悲凉心态。当然，世人不必强作出潇洒欢颜，但亦该知道，正如前文提及李预服玉的故事那样，若是天天牵挂功名利禄等俗物，无论服食多么珍贵离奇的东西，对于成道修仙而言也是无济于事的。从这点来说，林洪的参悟反比那些身在幽静山林，心却一刻不离世间纷扰的人物透彻得多。

[宋]刘松年　松荫谈道图页
故宫博物院　藏

门前山可久长香

毋庸置疑，酒在中华饮食文化中占有相当重要的地位。溯其源头，可早在三代之前。《战国策·魏策二》"梁王魏婴觞诸侯于范台"一条记："鲁君兴，避席择言曰：'昔者，帝女令仪狄作酒而美，进之禹，禹饮而甘之，遂疏仪狄而绝旨酒。曰：'后世必有以酒亡其国者。'"对于"帝女"是谁，后世通常认为是禹之妻妾或禹之女；对于"仪狄"是男是女后世也有争议。但仪狄酿酒的说法却自此流传下来。据说仪狄受命酿酒，并进献给禹，禹饮后感觉味道甘美，但生怕自己因此上瘾，便有意疏远仪狄，并下令禁酒，说后世必会出现因饮酒而亡国的君主。然禹的禁令并没有贯彻于他所建立的夏朝，从被推断属夏朝的二里头遗址墓葬出土遗物来看，随葬陶器中，酒器多于炊器和食器。

商朝遗留的诸多甲骨卜辞，常见以美酒祭祀祖先、敬献鬼神的内容。《史记·殷本纪》记商纣王"以酒为池，县肉为林，使男女裸相逐其间，为长夜之饮"，这一方面为《晋书·江统传》中"及到末世，以奢失之者，帝王则有瑶台琼室，玉杯象箸，肴膳之珍则熊蹯豹胎，酒池肉林"之语提供了论据，另一方面也说明酒在宫廷生活中的普及。

周朝时设各级酒官，《周礼·天官冢宰第一·酒正／掌次》中记："酒正掌酒之政令，以式法授酒材。"可见酒正的职责，是掌管与酒相关的政令，按照规程为酒人提供造酒的原材料。酒人则负责酿酒，祭祀时供给所需用的酒；另有浆人掌管供应王的六种饮料——水、浆、醴、凉、医、酏。这里对于酿酒的原料、水质、用具等都有详细要求。这时的酒已经从最简单的用水果酿酒，发展到以粮食酿酒。最初，人们发现，水果中的糖分在空气中霉菌和酵母的作用下，会迅速发酵，形成酒精；后来，人们开始有意识地使用谷物酿酒。汉刘安《淮南子·说林训》中"清醠之美，始于耒耜"即是说此，虽然《礼记》中涉及诸多酒类，但此时的酒仍旧是酿造的低度酒，在祭祀时所用的玄酒甚至与清水无异。

春秋战国时，江南的黄酒颇为普及。《国语·越语上》中记越王勾践为了奖励生育，颁令"生丈夫，二壶酒，一犬；生女子，二壶酒，一豚"。同样，在《吴越春秋·勾践伐吴外传第十》中记："生男二，贶之以壶酒、一犬，生女二，赐以壶酒、一豚。"虽然后世对此奖励措施颇有争议，但酒作为奖品之一，应该没有什么异议。《吕氏春秋·顺民》中记越王勾践"苦会稽之耻"，因而"有甘不足分，弗敢食；有酒流之江，与民同之"。北魏郦道元《水经注》卷四十中延展了这一典故，称"《吕氏春秋》曰：越王之栖于会稽也，有酒投江，民饮其流，而战气自倍。所投即浙江也"。勾践此举可谓效仿秦穆公。据说秦穆公伐晋过雍州时，本欲劳军，却只存酒一盅，遂投酒于河与将士共饮。而后世流传颇广的，是霍去病西征匈奴大胜后，得汉武帝赐酒，他将酒倾倒进泉水中与众将士共享，并为当地博来"酒泉"的名称，不过这仅是个美丽的传说。《汉书·地理志》中记："酒泉郡，武帝太初元年开。"唐徐坚《初学记·州郡部》记："应劭《汉官仪》曰：酒泉城下有金泉，味若酒。"这两处记载算是简略地说明了酒泉得名的缘由。

秦汉时，酿酒工艺发生改变，由之前用发霉的谷物曲和发芽的谷物蘖酿酒，变为只用曲，而不用蘖。《礼记·月令》中"乃命大酋，秫稻必齐，曲蘖必时"，也就演变成《汉书·食货志》中所记"一酿用粗米二斛，曲一斛，得成酒六斛六斗"的配比。从中可以看出，酿出的酒大约是所用原料质量的三倍，大概酒的度数不高。北宋沈括《梦溪笔谈·辨证一》中记："汉人有饮酒一石不乱。余以制酒法较之，每粗米二斛，酿成酒六斛六斗。今酒之至醲者，每秫一斛，不过成酒一斛五斗，若如汉法，则粗有酒气而已。能饮者饮多不乱，宜无足怪。"他推算汉代的酒只是"粗有酒气"，自然不会令人神志迷乱。东汉时期，原料配比和酿造工艺的改变，令酒的度数有所增加。《汉书·隽疏于薛平彭传》中记："君何疑而上书乞骸骨，归关内侯爵邑，使尚书令谭赐君养牛一，上尊酒十石。"唐经学家颜师古引曹魏如淳注曰："律，稻米一斗得酒一斗为上尊，稷米一斗得酒一斗为中尊，粟米一斗得酒一斗为下尊。"显然，汉时成酒与原料比例已改变。后世学者据此资料所述，结合汉代青铜蒸馏酒具的出土，推断俗称"白酒"的蒸馏酒亦有可能出现在东汉。北魏贾思勰《齐民要术》中系统地记有约八例制曲法、四十余例酿酒法。北宋元祐年间进士朱肱更是撰写出一部酿酒专著《北山酒经》。《北山酒经》大约成书于政和年间，分上、中、下三卷。上卷为总纲，中卷讲制曲，下卷讲酿酒技术，书后还附有"神仙酒法"。

当然，不少人对酒度数增高及酒为文人武将庙堂市井必需之物等感到忧心忡忡。若说司马迁在《史记·滑稽列传》中的"酒极则乱，乐极则悲，万事皆然"只是强调人做事应该把握好度，那么王充《论衡》中"美酒为毒，酒难多饮""赐尊者之前，三觞而退，过於三觞，醉酗生乱"等语，则直接道出了过度饮酒的危害。不知是否基于对过度饮酒的危害的顾虑，崇尚隐逸生活的林洪，在《山家清供》中对酒着墨不多，仅录有两篇以酒为主题的文字，且置于全书靠后的部分，分列倒数第一、第三篇。

其一名为《胡麻酒》，文为："旧闻有胡麻饭，未闻有胡麻酒。盛夏，张整斋（赖）招饮竹阁，正午各饮一巨觥，清风飒然，绝无暑气。其法：赎麻子二升，煮熟略炒，加生姜二两、龙脑薄荷一握，同入砂器细研，投以煮酒五升，滤渣去，水浸饮之，大有益。因赋之曰：'何须更觅胡麻饭，六月清凉却是渠。'《本草》名'巨胜子'。桃源所饭胡麻，即此物也。恐虚诞者自异其说云。"

这里记录的是某年夏日的一次午宴，林洪被张姓友人请至一处雅致的竹阁，两人谈天说地，不觉到了正午。正餐吃了什么，这里并没有记下，但张姓友人拿出的自酿美酒，则令林洪印象深刻，两人各自喝下一大觥，林洪觉得饮后遍体清凉，绝无一般酒水下肚后的燥热之感。他自然不肯放过这个学得一种佳肴的机会，一问之下，明白这是将两升煮熟的芝麻微微炒后，与二两生姜和一把龙脑薄荷一道投入砂质容器中仔细研碎，随后再混入五升酒内同煮。待煮沸后静置，用纱或绢滤去酒中的渣滓，随后用冷水浸泡酒器，以起到冰镇的效果，待酒变凉后就可以饮用。林洪因此还作了"何须更觅胡麻饭，六月清凉却是渠"两句诗，称赞这种酒，句中隐含了刘晨、阮肇入天台一典。

据《太平广记·卷六一女仙》载："刘晨、阮肇，入天台采药，远不得返，经十三日饥。遥望山上有桃树子熟，遂跻险援葛至其下，啖数枚，饥止体充。欲下山，以杯取水，见芜菁叶流下，甚鲜妍。复有一杯流下，有胡麻饭焉。乃相谓曰：'此近人矣。'遂渡山。出一大溪，溪边有二女子，色甚美，见二人持杯，便笑曰：'刘、阮二郎捉向杯来。'刘、阮惊。二女遂忻然如旧相识，曰：'来何晚耶？'因邀还家。南东二壁各有绛罗帐，帐角悬铃，上有金银交错。各有数侍婢使令。其馔有胡麻饭、山羊脯、牛肉，甚美。食毕行酒。俄有群女持桃子，笑曰：'贺汝婿来。'酒酣作乐。夜后各就一帐宿，婉态殊绝。至十日求还，苦留半年，气候草木，常是春时，百鸟啼鸣，更怀乡。

归思甚苦。女遂相送，指示还路。乡邑零落，已十世矣。"

故事见于南朝宋刘义庆《幽明录》，在这个版本中，时间背景设定在汉明帝永平五年，剡县人刘晨、阮肇共入天台山取谷皮，而《太平广记》中则说两人是进山采药。但故事的主干并没有什么出入，都是两人在饥饿难耐时寻到桃子果腹，随后顺着溪流来到一处世外桃源，并各与一名容貌姝丽的女子双栖双宿半年有余。后刘晨、阮肇思乡心切，执意要回归故里。他们回到乡邑后，却发现那里已然到处是断壁残垣，一问之下，发觉距离自己进山时已经历了十代人。《幽明录》中称时间实则过去七世，后面还补叙他们的七世孙也只是听说两人入山后"迷不得归"。而刘晨、阮肇"至晋太元八年，忽复去，不知何所"，或许当真会是"前度刘郎今又来"的欢喜结局。《太平广记》中称这个故事录自《搜神记》，而现存的《搜神记》中，却没有这篇记述天台女仙的文字。

文中记刘晨、阮肇在溪中取水时，见"复有一杯流下，有胡麻饭焉"，这胡麻饭可能便是仙家日常主要饮食之一。林洪说胡麻即《神农本草经》中记载的巨胜。《神农本草经》记："胡麻，味甘、平。主伤中虚羸，补五内，益气力，长肌肉，填髓脑。久服，轻身不老。一名巨胜。叶名青蘘。生川泽。"《参同契》

卷上："巨胜尚延年，还丹可入口。"

唐孙思邈《千金要方》载，胡麻"味甘，平，无毒。主伤中虚羸，补五内，益气力，长肌肉，填髓脑，坚筋骨，疗金疮，止痛，及伤寒温疟、大吐下后虚热困乏。久服轻身不老，聪明耳目，耐寒暑，延年。作油微寒，主利大肠，产妇胞衣不落。生者摩疮肿，生秃发，去头面游风。一名巨胜，一名狗虱，一名方茎，一名鸿藏"。

北宋《医心方》记《陶景注》云："八谷之中，唯此为良。淳黑者，名巨胜，是为大胜。又茎方名巨胜，茎圆名胡麻，服食家当九蒸九曝。熬捣饵之，断谷长生。《崔禹锡食经》云：练饵之法，当九蒸九曝，令尽脂润及皮脱。"其中介绍要实现"断谷长生"，需将巨胜或芝麻九蒸九晒后熬捣成末，再制成药丸。

清吴仪洛《本草从新》："胡麻，一名脂麻、一名巨胜子。补肝肾、润五脏、滑肠。甘平。益肝肾。润五脏。填精髓。坚筋骨。明耳目。耐饥渴。"清冯楚瞻《冯氏锦囊秘录》更是盛赞胡麻"禀天地之冲气，得稼穑之甘味"。如此神奇的食物，在当下日常生活中也颇常见。清顾靖远在其著作《顾松园医镜·卷二·礼集·谷部》"胡麻"条中给出了答案："胡麻，即黑芝麻，一名巨胜。甘平，入脾、肝、肾三经。九蒸九晒研。"若按林洪的推断，刘晨、阮肇在天台山吃的仙家饭便是混有黑芝麻的饭，那么自然有健体延年之益处。这种用黑芝麻、生姜、薄荷煮过的酒，除令人遍体清凉外，还具备药用功效。

其二名为《新丰酒法》。作为全书最后一篇文字，林洪不吝笔墨，详尽记录了一种酒的酿造方法："初用面一斗、糟醋三升、水二担，煎浆。及沸，投以麻油、川椒、葱白。候熟，浸米一石，越三日蒸饭熟，乃以元浆煎强半，及沸，去沫，又投以川椒及油，候熟注缸。面入斗许饭及面末十斤、酵半斤。既晓，以元饭贮别缸，却以元酵饭同下，入水二担、曲二斤，熟踏覆之。既晓，搅以木，摆越三日止四、五日，可熟。

"其初余浆，又加以水浸米，每值酒熟，则取酵以相接续。不必灰其曲，只磨麦和皮，用清水溲作饼，令坚如石。初无他药。仆尝以危巽斋子骖之新丰之故，知其详。

"危居此时，常禁窃酵，以颛所酿；戒怀生粒，以金所酿，且给新屦以洁所；所酵诱客舟，以通所酿。故所酿日佳而利不亏。是以知酒政之微，危亦究心矣。

"昔人《丹阳道中》诗云：'乍造新丰酒，犹闻旧酒香。抱琴沽一醉，尽日卧斜阳。'正其地也。沛中自有旧丰，马周独酌之地，乃长安效新丰也。"

危巽斋便是曾以"黄中通理，美在其中；畅于四肢，美之至也"赞美螃蟹，并被林洪记录下来的危稹。这种酿酒法是林洪和危稹的儿子危骎前往新丰时学到的，即先以面、糟醋加水煮沸，并加入麻油、川椒、葱白等，然后才依照惯常工序把米蒸熟，进入发酵过程。林洪尤其提到危稹曾禁止私酿，目的是防止粗制滥造的酒影响真正精酿的声誉。在他监督下酿制的酒，不仅对原料精挑细选，而且每次新酿时都要彻底清洁酿酒的场地和用到的酒具。因此，新丰一地所产的酒香气逼人，口味醇厚，自然也能卖上好价钱。由此，林洪也深感凡事都须用心的重要。

尾段，林洪特地指明新丰是《丹阳道中》一诗中所提的新丰。此地现属江苏镇江，春秋时便已成村落，据称韩国赵候辛翼定居此地。秦末汉初，新丰遭受战乱，大批商绅显贵为躲避战乱迁徙于此。据唐杜佑《通典·食货典》记："东晋张闿为晋陵内史，时所部四县并以旱失田，闿乃立曲阿新丰塘，溉田八百馀顷，每岁丰稔。葛洪为其颂，乃徵入拜大司农。"由此，新丰慢慢成为远近闻名的鱼米之乡，而随着大运河的贯通，这里也成为一处水陆码头。宋时于新丰设镇，清光绪年间置辛丰乡，驻新丰镇。后又改称辛丰。新丰美酒于两晋之后即闻名遐迩。唐李白《金陵子·南国新丰酒》："南国新丰酒，东山小妓歌。对君君不乐，花月奈愁何。"唐朱彬（一作陈存）《丹阳作》："暂入新丰市，犹闻旧酒香。抱琴沽一醉，尽日卧垂杨。"以上诗作皆赞颂此地佳酿。后世往往混淆此新丰与长安附近的新丰。唐王维《观猎》中"忽过新丰市，还归细柳营"中所指，便是长安附近的新丰。

据西汉刘歆著、东晋葛洪辑抄《西京杂记·卷二》记："太上皇徙长安，居深宫，凄怆不乐。高祖窃因左右问其故。以平生所好皆屠贩少年，酤酒卖饼，斗鸡蹴踘，以此为欢。今皆无此，故以不乐。高祖乃作新丰，移诸故人实之。太上皇乃悦。故新丰多无赖。无衣冠子弟故也。高祖少时常祭枌榆之社，及移新丰亦还立焉。高祖既作新丰，并移旧社。衢巷栋宇，物色惟旧。士女老幼，相携路首，各知其室。放犬羊鸡鸭于通途，亦竞识其家。"讲的是刘邦称帝后，将父亲接至长安的宫廷中居住，父亲却闷闷不乐，刘邦私下打听缘由，明白父亲还是怀念从前鸡飞狗跳的市井生活，因此在长安附近新设一镇，房屋街道皆仿照故乡沛中形制，连街坊邻里也尽数被强行迁徙来，此地便称为新丰。这样，才使老父亲笑逐颜开。

林洪强调，马周独自饮酒的地方，是在长安城边仿造的新丰，并非镇江下辖的新丰。马周为初唐名臣，据《新唐书·马周传》所记，马周字宾王，博州人，幼年丧父，家中贫穷。他自小喜读诗书，精通《诗经》《春秋》，性格豪爽，不拘小节。唐高祖武德年间，马周补任州中助教，因为不擅人事常常被刺史责怪，于是客居密州，不久又西去京城。路过新丰时，因受到旅店主人怠慢，马周便要了一斗八升酒，悠闲地自斟自饮，见此情景，众人都感到颇为奇怪。马周来到长安后，投入中郎将常何门下。后唐太宗下诏命百官谈论朝政得失，常何身为武将，不知如何下笔，马周便捉刀上言二十余事，皆切中时务。唐太宗看出蹊跷，便问常何这是否是他自己的见解，常何实言此乃门客马周代笔。唐太宗遂接连派使者召马周觐见，后终拜马周为监察御史。马周的奏疏总是条理清晰、剖析深入，言辞机敏又切中要害，因此唐太宗赞叹说："我暂不见周即思之。"唐太宗对马周信任有加，在自己远征辽东时，留马周在定州辅佐太子。等到征讨归来，马周被任为吏部尚书，升银青光禄大夫。唐太宗曾用自己擅长的飞白书写下"鸾凤冲霄，必假羽翼；股肱之寄，要在忠力"的话赐给马周。马周患消渴症已久，贞观二十二年（648），马周病逝，时年四十八岁。唐太宗追赠他为幽州都督，并让他陪葬于昭陵。

明冯梦龙《喻世明言》中有"穷马周遭际卖䭔媪"

故事，即以马周生平为蓝本，对马周在新丰市上的遭遇加以改编而创作出来的。文中重点是渲染新丰店中王公的外甥女"卖餾媼"慧眼识英雄，最终与马周喜结良缘的主题。而被林洪一带而过的马周饮酒，在《喻世明言》中则被细致描写了一番，节录如下：

马周来到新丰市上，天色已晚，只拣个大大客店，蹽将进去。但见红尘滚滚，车马纷纷，许多商贩客人，驮着货物，挨一顶五的进店安歇。店主王公迎接了，慌忙指派房头，堆放行旅。众客人寻行逐队，各据坐头，讨浆索酒。小二哥搬运不迭，忙得似走马灯一般。马周独自个冷清清地坐在一边，并没半个人睬他。马周心中不忿，拍案大叫道："主人家，你好欺负人！偏俺不是客，你就不来照顾，是何道理？"王公听得发作，便来收科道："客官个须发怒。那边人众，只得先安放他；你只一位，却容易答应。但是用酒用饭，只管分付老汉就是。"马周道："俺一路行来，没有洗脚，且讨些干净热水用用。"王公道："锅子不方便，要热水再等一会。"马周道："既如此，先取酒来。"王公道："用多少酒？"马周指着对面大座头上一伙客人，向主人家道："他们用多少，俺也用多少。"

王公道："他们五位客人，每人用一斗好酒。"

马周道："论起来还不勾俺半醉，但俺途中节饮，也只用五斗罢。有好嘎饭尽你搬来。"

王公分付小二过了。一连暖五斗酒，放在桌上，摆一只大磁瓯，几碗肉菜之类。马周举匜独酌，旁若无人。约莫吃了一斗有余，讨个洗脚盆来，把剩下的酒，都倾在里面；骊脱双靴，便伸脚下去洗濯。众客见了，无不惊怪。王公暗暗称奇，知其非常人也。

故事中将马周独坐自饮，演绎为用喝剩的酒濯足，概是为了烘托马周豪迈不羁的个性，这恐怕是小说家想象出来的。但马周于新丰市上饮酒，当确凿无误。

林洪的隐逸生活与"竹林七贤"的故作放浪不同，他也绝非一味偏执地拒绝饮酒吃肉。在他记述山林生活用具器物的著作《山家清事》中，还专门对酒具展开具体描述。其文为：

> 山径兀，以蹇驴载酒，讵容毋具。旧有扁提，犹今酒鳖。长可尺五而匾容斗余，上

窍出入，犹小钱大。长可五分，用塞，设两环，带以革唯漆为之。和靖翁送李山人故有"身上只衣粗直掇，马前长带古偏提"之句。今世又有大漆葫芦，鬲以三，酒下，果中，肉上，以青丝络负之，或副以书篚，可作一担，加以雨具及琴皆可。较之沈存中游山具差省矣，唯酒杯当依沈制，不用银器。

出行时童子背负的大漆葫芦中，三个隔层分置美酒、果蔬和肉食，可见林洪更注重饮食适度。此与孔子观鲁桓公之庙，品论欹器之语"虚则欹，中则正，满则覆"，或《荀子·王制》中"水则载舟，水则覆舟"之语均有异曲同工之妙。至于后世如明袁宏道《觞政》将饮酒的对象、场合、礼数、成度逐一列出规条，如"酒徒之选，十有二""饮喜宜节，饮劳宜静，饮倦宜诙，饮礼法宜潇洒，饮成宜绳约，饮新知宜闲雅真率，饮杂糅宜逡巡却退""饮有五合，有十乖"等，反而令饮酒少了原本应有的自然、清雅和愉悦。

物 · 雅

静听松风寒

　　……宝玉也不答言，低着头，一径走到潇湘馆来。只见黛玉靠在桌上看书。宝玉走到跟前，笑说道："妹妹早回来了。"黛玉也笑道："你不理我，我还在那里做什么！"宝玉一面笑说："他们人多说话。我插不下嘴去，所以没有和你说话。"一面瞧着黛玉看的那本书。书上的字一个也不认得，有的像"芍"字，有的像"茫"字，也有一个"大"字旁边"九"字加上一勾，中间又添个"五"字，也有上头"五"字"六"字又添一个"木"字，底下又是一个"五"字，看着又奇怪，又纳闷，便说："妹妹近日愈发进了，看起天书来了。"

　　黛玉嗤的一声笑道："好个念书的人，连个琴谱都没有见过。"宝玉道："琴谱怎么不知道，为什么上头的字一个也不认得。
妹妹你认得么？"黛玉道："不认得瞧他做
什么？"

这段文字出自《红楼梦》第八十六回，由贾宝玉
看不懂琴谱，引出一段林黛玉对琴的评述：

黛玉道："琴者，禁也。古人制下，原
以治身，涵养性情。抑其淫荡，去其奢侈。
若要抚琴，必择静室高斋，或在层楼的上头，
在林石的里面，或是山巅上，或是水涯上。
再遇着那天地清和的时候，风清月朗，焚香
静坐，心不外想，气血和平，才能与神合灵，
与道合妙。所以古人说'知音难遇'。若无
知音，宁可独对那清风明月，苍松怪石，野
猿老鹤，抚弄一番，以寄兴趣，方为不负了
这琴。还有一层，又要指法好，取音好。若
必要抚琴，先须衣冠整齐，或鹤氅，或深衣。
要如古人的仪表，那才能称圣人之器。然后
盥了手，焚上香，方才将身就在榻边，把琴
放在案上，坐在第五徽的地方儿，对着自己
的当心，双手从容抬起，这才身心俱正。还

要知道轻重急徐，舒卷自如，体态尊重才好。"

宝玉道："我们学着顽，若这么讲究起来，那就难了。"

这段由《红楼梦》续写者高鹗借黛玉之口说出的琴论，源自明杨表正《重修真传琴谱》中的论述："琴者，禁邪归正，以和人心。是故圣人之制，将以治身，育其情性，和矣！抑乎淫荡，去乎奢侈，以抱圣人之乐。所以微妙在得夫其人，而乐其趣也。凡鼓琴，必择净室高堂，或升层楼之上，或于林石之间，或登山巅，或游水湄，或观宇中；值二气高明之时，清风明月之夜，焚香静室，坐定，心不外弛，气血和平，方与神合，灵与道合。如不遇知音，宁对清风明月、苍松怪石、巅猿老鹤而鼓耳，是为自得其乐也。如是鼓琴，须要解意，知其意则知其趣，知其趣则知其乐；不知音趣，乐虽熟何益……"因无论从具象形态还是象征意义，琴都远非其他乐器所能比，因而这里对弹琴者与听琴者都有相当高的要求。

关于琴的起源，有伏羲造琴、神农造琴两种主流说法，如东汉桓谭《新论·琴道》："琴神农造也，琴之言禁也，君子守以自禁也。神农作琴。昔神农氏继伏羲而王天下，上观法于天，下取法于地，于是始削桐为琴，练丝为弦，以通神明之德，合天地之和焉。神农氏为琴七弦，足以通万物而考理乱也。"东汉蔡邕《琴操》："昔伏羲作琴，以御邪僻，防心淫，以修身理性，反其天真。"《宋史·乐志》："伏羲作琴有五弦，神农氏为琴七弦。"宋王应麟《玉海》载《琴书》引蔡邕《论琴》，称"伏羲削桐为琴。面圆法天，底平象地。龙池八寸，通八风；凤池四寸，象四气"，认为琴身各部象征了天、地、八风、四气等。而传说琴最初为五弦，象征五行；后周文王、周武王又各加一弦，成为七弦。琴的长度为三尺六寸六分，象征三百六旬六日。《礼记》中说"士无故不撤琴瑟"，《左传》中说"君子之近琴瑟，以怡节也，非以慆心也"。因此，弹琴可谓文士君子必备的技能之一。《诗经》中更是数次出现"琴"，如"窈窕淑女，琴瑟友之""妻子好合，如鼓琴瑟""琴瑟在御，莫不静好"等。春秋战国时，曾有卫国师涓、晋国师旷、郑国师女、鲁国师襄等著名琴师；汉魏时期，琴更为文士所推崇，其中以东汉蔡邕与曹魏嵇康为代表，前者自灶中取木制焦尾琴，后者临刑演奏的《广陵散》成千古绝响。

　　唐时，琴受到诸多外来乐器冲击，"独守其贞"，成为阳春白雪，爱琴者多小隐于野，如李白诗中"蜀僧抱绿绮，西下峨眉峰"的方外人；或大隐于市，如王维诗中"独坐幽篁里，弹琴复长啸"的游宦。

无论外物如何变换，琴自身的品性丝毫不受影响。宋朱长文《琴史》言"琴有四美，一曰良质，二曰善斫，三曰妙指，四曰正心"，具备这四点，便可称"天下之善琴"，这样的琴"可以感格幽冥，充被万物"，自然令弹奏者与聆听者心旷神怡、神游物外。

《山家清供·银丝供》篇，讲了这样一件事："张约斋（镃）性喜延山林湖海之士。一日午酌数杯后，命左右作'银丝供'，且戒之曰：'调和教好，又要有真味。'众客谓：必脍也。良久，出琴一张，请琴师弹《离骚》一曲，众始知银丝乃琴弦也。调和教好，调和琴也；要有真味，盖取渊明'琴书中有真味'之意也。张，中兴勋家也，而能知此真味，贤矣哉！"

《银丝供》篇故事并不复杂，张镃喜好结交朋友。某次午宴，酒过三巡，张镃命吩咐左右准备"银丝供"，并特地叮嘱务必要用心调理，不能失去其原味。席间诸位客人纷纷猜测，这"银丝供"必定是道鱼脍。过了许久，有仆从捧出一张琴，随即有一琴师为宾客演奏了一曲《离骚》，这时候大家才明白原来"银丝"指的是琴弦，"调和教好"指的自然是校准琴音。林洪因而感慨，说张镃作为南宋中兴的功臣之后，能有如此雅趣，可说是德才兼备的贤士了。

故事的主人公张镃字功甫（亦作功父），又字时可，号约斋，堂名玉照。祖籍秦州成纪（今甘肃天水），为南宋初年中兴四将之一张俊后人。因承祖业，故而生活奢靡优裕。其词作典雅细腻、情韵均妙。张镃曾参与谋诛韩侂胄一事，后因忤怒史弥远，被贬谪象台（今广西象县），卒于贬所。这则故事自然发生在张镃生活于临安时期，正值意气风发之时。宴必有乐，是官宦人家传统。宋时，琴已然成为刻意表现雅致的象征，上有宋徽宗题名的传世画作《听琴图》，表现的便是分别身着红袍、绿袍的两人，恭谨聆听中央那黄冠缁服道士打扮的琴师演奏的场景。

弹琴者、听琴者必均为雅士，否则也不会有"俯仰自得，游心太玄"的心境，但《银丝供》篇中张镃的宾客皆为"山林湖海之士"，未必有伯牙、子期的造诣，或者相如、文君的感悟，因此是否能品出张镃希冀的"真味"也未可知。明胡文焕撰《文会堂琴谱》有"五不弹"和"十四不弹"的要求，其中，"五不弹"即"疾风甚雨不弹，尘世不弹，对俗子不弹，不坐不弹，不衣冠不弹"；"十四不弹"即"风雷阴雨，日月交蚀，在法司中，在市廛，对夷狄，对俗子，对商贾，对娼妓，酒醉后，夜事后，毁形异服，腋气臊臭，鼓动喧嚷，不盥手漱口"，若按这些要求，则宴乐上反似不

[宋] 赵 佶 听琴图
故宫博物院 藏

该出现琴音。不过，古人弹琴亦有"十四宜弹"的标准，即"遇知音，逢可人，对道士，处高堂，升楼阁，在宫观，坐石上，登山埠，憩空谷，游水湄，居舟中，息林下，值二气清朗，当清风明月"，若按这些标准，则在杯觥交错的宴席上弹琴亦不适合。

明文震亨《长物志》中提到弹琴的环境时，认为，古人在琴室地下埋一口大缸，再在缸中悬挂铜钟，以期与琴音共鸣的方法，不如在阁楼中弹琴的方法好，因为阁楼上面封闭的空间令琴音不易消散，下面空阔处又可令琴音嘹亮。如果不拘于在室内弹奏，那么在松树下、竹林中、岩洞里等这些自然环境中弹琴，能暂时摈弃世俗味道，更能体现出雅趣。也只有这样，才可能达到白居易《清夜琴兴》提及的"月出鸟栖尽，寂然坐空林。是时心境闲，可以弹素琴"那种对环境与心境的双重要求。

心绪不宁时，难免有像岳武穆那般"欲将心事付瑶琴。知音少，弦断有谁听"的感喟，这里就要提及另一细节，即琴弦为何会断。缘何《银丝供》篇中银丝指代琴弦？原来，琴弦是由蚕丝所制，而可制弦的蚕丝亦非一般蚕丝，而须是由吃柘树叶的蚕吐出的丝，吃桑叶的蚕吐出的丝不可用。而且，蚕所吃的柘树不能生长在盐碱地中，否则用这种蚕丝做成的琴弦音劣易断。七根琴弦自上而下，由粗变细依次为文、武、宫、商、角、徵、羽弦，按照《琴书》所记，五根蚕丝为一综，其中一弦、四弦各用一百二十综，二弦、五弦各用一百综，三弦、六弦各用八十综，七弦用六十综，每根琴弦长度是五尺。琴弦缠好后，要在胶汁中浸渍熬煮几天，待晾干后，一弦、二弦、三弦外面还要用五综的丝线——"纱子"缠裹。如此，一副琴弦才算最终做成。

西汉刘向言"凡鼓琴有七例：一曰明道德，二曰感鬼神，三曰美风俗，四曰妙心察，五曰制声调，六曰流文雅，七曰善传授"。这些文字理解起来并不难，即鼓琴令自己心境澄明，可与天地相接，自然也能起到教化作用，这便是琴德的体现。嵇康在《琴赋》中说"众器之中，琴德最优"，明代冷谦称琴有"奇""古""透""静""润""圆""清""匀""芳"等"九德"，琴音亦应因而淳和淡雅、清亮绵远。文士鼓琴时，不仅传达音乐讯息，更体现出天人合一的自然观。这就是《礼记·乐记》中说的"凡音之起，由人心生也；人心之动，物使之然也。感于物而动，故形于声"。同时，琴声也折射出弹奏者内心的景象，只有相契合的人才会产生共鸣；即使没有契合内心的人出现，也不会改弦更张或内心松懈，此即《荀子·乐论篇》所言"君子以钟鼓道志，以琴瑟乐心"。若真有人能做到，也就达到了白居易《船夜援琴》中"七弦为益友，两耳是知音。心静即声淡，其间无古今"的清寂境界。

银烛秋光冷画屏

  《山家清供·卷下》中有《假煎肉》篇，这道假煎肉的主料是瓠与麸，即葫芦与面筋；将葫芦、面筋分别切成薄片并加料腌制，之后分别下锅煎，"煎麸以油，煎瓠以脂"，面筋用植物油煎，葫芦用猪油煎，再混在一起，加上葱、花椒油、酒一起炒。出锅后"瓠与麸不惟如肉，其味亦无辨者"——不仅葫芦、面筋样子极似肉，味道和肉差不多，几可乱真。

  其后，林洪点明这道菜出自吴地何铸家宴客的菜单。何铸在史籍难觅其踪，有注释本称此处为吴地何铸家。何铸在南宋高宗年间任御史中丞，曾主审岳飞冤案，何铸不愿按秦桧之命构陷岳飞，且在知道这是宋高宗要除掉岳飞的意愿后仍拒不听从，秦桧便改命万俟卨审理岳飞谋反案。但何铸生活的年代与林洪相去甚远，故而此注释并不准确。亦有学者据《假

煎肉》篇中"吴中贵家"四字，及《宋史·列传第
二百二十四·外戚下》所记"吴益，字叔谦，盖字叔
平，俱宪圣皇后弟也。……益子琚，习吏事，乾道九
年，特授添差临安府通判，其后历尚书郎、部使者，
换资至镇安军节度使。……琚弟璹，仕至保静军节度
使"认为，"吴何铸"或为"吴璹"在后世抄录之误，
宴席的主人应当是吴璹。林洪觉得这样显贵的人家，
还愿意与"山林友朋"交往，且喜欢吃如此雅致清淡
的饭食，实属难得。

介绍这道菜只寥寥数语，在记述吴家的几件清
雅名物以及一次晚间词会时，林洪则不吝笔墨。其
中记录雅物为："尝作小青锦屏，鹄鸟山水，屏簪
古梅，枝缀像生梅数花，置坐左右，未尝忘梅。"（也
有版本为"作小青锦屏，鸟木屏簪，古梅枝缀象，
生梅数花实座右，欲左右未尝忘梅"。）相对于雍
容华贵的牡丹，宋人对于遇雪尤清、经霜更艳的梅
情有独钟。南宋陈景沂所辑录花谱类著作《全芳备祖》
中，将梅花列为"花部"第一；宋人咏赞梅花的诗
作亦比比皆是：

曾几《瓶中梅》："小窗水冰青琉璃，
梅花横斜三四枝。若非风日不到处，何得色

香如许时。神情萧散林下气，玉雪清莹闺中姿。陶泓毛颖果安用，疏影写出无声诗。"

刘辰翁《点绛唇·瓶梅》："小阁薄窗，子谁画得梅梢远。那间半面。曾向屏间见。风雪空山，怀抱无苟倩。春堪恋。自羞片片。更逐东风转。"

张道洽《瓶梅》："寒水一瓶春数枝，清香不减小溪时。横斜竹底无人见，莫与微云淡月知。"

陈与义《梅花二首》："画取维摩室中物，小瓶春色一枝斜。梦回映月窗间见，不是桃花与李花。"

朱淑真《绛都春·梅》："寒阴渐晓。报驿使探春，南枝开早。粉蕊弄香，芳脸凝酥琼枝小。雪天分外精神好，向白玉堂前应到。化工不管，朱门闭也，暗传音耗。轻渺。盈盈笑靥，称娇面、爱学宫妆新巧。几度醉吟，独倚阑干黄昏后，月笼疏影横斜照。更莫待、笛声吹老。便须折取归来，胆瓶插了。"

诸如此类，不胜枚举。

瓶中插花最初为供佛之用，唐宋间坐具变化促使文房用具清玩等也随之丰富起来，插花的花具亦有胆瓶、玉壶春瓶、花筒等。而这里浅析的雅物，为在《假煎肉》篇中出现的小青锦屏。

明罗颀撰《物原·器原第十七》载："轩辕作帷帐，禹作屏，伊尹作亮隔，周公作帘。"然"禹作屏"一说并不见于信史载录。《周礼·天官冢宰第一·酒正 / 掌次》记："（幕人）掌帷、幕、幄、帟、绶之事。……掌次掌王次之法，以待张事。王大旅上帝，则张毡案，设皇邸。""设皇邸"中的"邸"即为王座后面用鸟羽或彩绘装饰的华丽方板。其时，绷在木框上悬于室内、平张于床上方，位置相对固定的设备称承尘，竖立于室内的大块木板为屏风，此种板屏即为后世插屏的前身。

《尚书·顾命》记："狄设黼依。"《仪礼·觐礼》："天子设斧依于户牖之间，左右几。"郑玄注："依，如今绨素屏风也，有绣斧纹所示威也。"斧又作黼，为云雷、勾连云等纹样。汉刘熙《释名·释床帐》曰："屏风，言可以屏障风也。""扆，猗也，在后所依倚也。"由此可知扆是背依之屏。《荀子·正论篇》中记天子"居则设张容，负依而坐"；《礼记·明堂位》有"天子负斧依南乡而立"之语。黼依与斧扆、斧依同，即可认为是最初用于礼制的屏风。

宋聂崇义《三礼图·卷八》"扆"条记："司几筵云：凡大朝觐、大乡射，凡封国命诸侯，王位设黼依，……其制如屏风，……屏风之名出于汉世，故引为况旧图云，从广八尺画斧，无柄，设而不用之义。"然屏风之名的出现和使用，其实更早，如《史记·孟尝君列传》记："孟尝君待客坐语，而屏风后常有侍史，主记君所与客语，问亲戚居处。"汉刘歆撰、晋葛洪辑《西京杂记·卷六》记："魏襄王冢。皆以文石为椁。高八尺许。广狭容四十人。以手扪椁。滑液如新。中有石床石屏风。婉然周正，……复入一户。亦石扉关钥。得石床方七尺。石屏风铜帐一具或在床上。或在地下……魏王子且渠冢，甚浅狭，无棺椁，但有石床广六尺长一丈。石屏风。"可见战国时期，屏风已然是王公贵戚生前身后都不可或缺的生活用品。

　　汉代屏风无论从使用还是制作，都可算步向鼎盛。这一时期关于各色屏风的记述在史籍中屡见不鲜。如《西京杂记·卷一》："赵飞燕女弟居昭阳殿，……中设木画屏风，文如蜘蛛丝缕。""赵飞燕为皇后，其女弟在昭阳殿，遗飞燕书曰：'今日嘉辰，贵姊懋膺洪册，谨上襚三十五条，以陈踊跃之心：金华紫轮帽、……云母屏风、琉璃屏风、五层金博山香炉……'"同书卷二："武帝为七宝床、杂宝桉、厕宝屏风、列宝帐，设于桂宫，时人谓之四宝宫。"

同书卷三："文帝为太子。立思贤苑以招宾客。苑中有堂隍六所。客馆皆广庑高轩。屏风帏褥甚丽。"

同书卷四："江都王劲捷，能超七尺屏风。"

汉赵岐《三辅决录》记："何敞为汝南太守，章帝南巡过郡，有雕镂屏风，为帝设之。"

汉班固《汉书·公孙刘田王杨蔡陈郑传第三十六》记："陈万年字幼公，……子咸字子康，年十八，以万年任为郎，有异材，抗直，数言事，刺讥近臣，书数十上，迁为左曹。父尝病，召咸教戒于床下，语至夜半，咸睡，头触屏风。父大怒，欲杖之，曰：'乃公教戒汝，汝反睡，不听吾言，何也？'咸叩头谢曰：'具晓所言，大要教咸谄也。'万年因不复言。"

《汉书·外戚列传第六十七下》记："孝成许皇后，大司马车骑将军平恩侯嘉女也，……后聪慧，善史书，自为妃至即位，常宠于上，后宫希得进见。……皇后及上疏曰：'……设妾欲作某屏风张于某所，曰故事无有，或不能得，则必绳妾以诏书矣。'""孝成赵皇后，本长安宫人，……须臾开户，呼客子、偏、兼，使缄封箧及绿绨方底，推置屏风东。恭受诏，持箧方底予武，皆封以御史中丞印，曰：'告武：箧中有死儿，埋屏处，勿令人知。'"

《汉书·卷一〇〇上·叙传》记："时乘舆幄坐张画屏风,画纣醉踞妲己作长夜之乐。上以伯新起,数目礼之,因顾指画而问伯:'纣为无道,至于是虖?'"

南朝宋范晔《后汉书·卷二十六·伏侯宋蔡冯赵牟韦列传》记:"宋弘字仲子,京兆长安人也。……弘当宴见,御坐新屏风,图画列女,帝数顾视之。弘正容言曰:'未见好德如好色者。'帝即为撤之。……时帝姊湖阳公主新寡,帝与共论朝臣,微观其意。主曰:'宋公威容德器,群臣莫及。'帝曰:'方且图之。'后弘被引见,帝令主坐屏风后,因谓弘曰:'谚言贵易交,富易妻,人情乎?'弘曰:'臣闻贫贱之知不可忘,糟糠之妻不下堂。'帝顾谓主曰:'事不谐矣。'"

《后汉书·卷三十三·朱冯虞郑周列传》记:"郑弘字巨君,会稽山阴人也。……元和元年,代邓彪为太尉。时举将第五伦为司空,班次在下,每正朔朝见,弘曲躬而自卑。帝问知其故,遂听置云母屏风,分隔其间,由此以为故事。"

《后汉书·卷六十下·蔡邕列传》记:"初,邕在陈留也。其邻人有以酒食召邕者,比往而酒以酣焉。客有弹琴于屏,邕至门试潜听之,曰:'憘!以乐召我而有杀心，可也？'遂反。"

前秦王嘉《拾遗记》记："董偃常卧延清之室，以画石为床，文如锦也。石体甚轻，出郅支国。上设紫琉璃帐，火齐屏风，列灵麻之烛，以紫玉为盘，如屈龙，皆用杂宝饰之。侍者于户外扇偃。偃曰：'玉石岂须扇而后凉耶？'侍者乃却扇，以手摸，方知有屏风。"

……

通过以上书中提到的云母屏风、琉璃屏风、厕宝屏风、火齐屏风等物，除了可窥见帝王之家的豪华与奢靡之一斑，也可看到士大夫宅第的日用与随意。陈万年教授儿子谄媚之道，儿子听得头倚屏风打起盹儿来；蔡邕从琴声中听出浓浓杀气，后来方知是屏风后弹琴的人望见螳螂捕蝉，不由得在琴声中表露出杀机，令蔡邕虚惊一场；郑弘因自己的职位在推举他的第五伦之上，便在上朝时躬腰以示尊敬，汉章帝知晓后，在朝堂上设云母屏风把两人隔开；董偃做汉武帝姑母馆陶公主的面首时，极受宠爱，所用屏风自然也珍贵异常。

在工艺上，除了木质镂雕透孔屏风，从赵飞燕之妹赵合德所居昭阳殿中"设木画屏风"，及汉成帝坐畔画有"纣醉踞妲己作长夜之乐"的屏风、汉光武帝御座旁"图画列女"的屏风，亦可知汉代木板屏风若非雕刻，则普遍施有彩绘。山西大同北魏司马金龙墓出土的绘制于北魏太和年间的漆画屏风上，所绘内容即出自《列女传·母仪传》《后汉书·独行列传》中的典故。

西汉景帝时人羊胜曾作有《屏风赋》，文曰："屏风鞈匝，蔽我君王。重葩累绣，沓璧连章。饰以文锦，映以流黄。画以古列，颙颙昂昂。藩后宜之，寿考无疆。"西汉淮南王刘安亦有《屏风赋》："维兹屏风，出自幽谷。根深枝茂，号为乔木。孤生陋弱，畏金强族。移根易土，委伏沟渎。飘飘殆危，靡安措足。思在蓬蒿，林有朴樕。然常无缘，悲愁酸毒。天启我心，遭遇征禄。中郎缮理，收拾捐朴。大匠攻之，刻雕削斲。表虽剥裂，心实贞愨。等化器类，庇荫尊屋。列在左右，近君头足。赖蒙成济，其恩弘笃。何恩施遇，分好沾渥。不逢仁人，永为枯木。"东汉李尤《屏风铭》曰："舍则潜辟，用则设张。立必端直，处必廉方。壅阏风邪，雾露是抗。奉上蔽下，无失其常。"此铭隐隐地把屏风与立身处世的命题结合在一起。

汉桓宽《盐铁论·散不足第二十九》记："一杯棬用百人之力，一屏风就万人之功，其为害亦多矣。目修于五色，耳营于五音；体极轻薄，口极干脆；功积于无用，财尽于不急。"由此可见制造屏风所耗费的人力、物力、财力。

另有可与床榻结合的小曲屏风，上常绘有经史、人物题材，而这也渐渐成为后世惯例。唐张彦远《历代名画记·卷四·吴》记："曹不兴，吴兴人也。孙权使画屏风，误落笔点素，因就成蝇状。权疑其真，以手弹之。时称吴有八绝。"

晋陈寿《三国志·魏书卷一·武帝操》记："（曹操）雅性节俭，不好华丽，后宫衣不锦绣，侍御履不二采，帷帐屏风，坏则补纳；茵蓐取温，无有缘饰。"

《三国志·魏书卷十二·崔毛徐何邢鲍司马传》记："毛玠字孝先，陈留平丘人也。……初，太祖平柳城，班所获器物，特以素屏风赐玠，曰：'君有古人之风，故赐君古人之服。'"三国时期，素屏俨然已成了古风。南唐张泌《妆楼记·晓霞妆》载："夜来初入魏宫，一夕，文帝在灯下咏，以水晶七尺屏风障之，夜来至，不觉面触屏上，伤处如晓霞将散。自是宫人俱胭脂仿画，名晓霞妆。"《拾遗记·卷八》记："孙亮作绿琉璃屏风，甚薄而莹澈。每于月下清夜舒之，常宠四姬皆振古绝色，一名朝姝，二名丽居，三名洛珍，四名洁华。使四人坐屏风内，而外望之，如无隔，唯香气不通于外。"唐冯贽《南部烟花记·金蟠屏风》记：

"吴主亮命工人潘芳作金螭屏风，镂祥物一百三十种，种种有生气，远视若真。"如此屏风，已可算作世间稀罕物。

晋张敞《东宫旧事》记："皇太子纳妃，有床氏屏风十二牒，织成漆连银钩纽，织成连地屏风十四牒，铜环钮。遂作诗，书屏风。"宋时宋敏求《春明退朝录》记："秘府有唐孟诜《家祭仪》、孙氏《仲飨仪》数种，大抵以士人家用台卓享祀，类几筵，乃是凶祭；其四仲吉祭，当用平面毡条屏风而已。"《指月录·卷二》"善慧大士者"条，记录南朝梁禅宗尊宿善慧大士生平时记："婺州义乌县人，……弟子问灭后形体若为，曰山顶焚之。又问不遂何如，曰慎勿棺敛，但垒甓作坛，移尸于上，屏风周绕，绛纱覆之，上建浮图，以弥勒像镇之。"综上可见，魏晋之后，多扇可折叠屏风已成礼制，除了作为陈设，还可随时与榻、席等在室内、室外配合使用，形成更多独立空间。

南朝梁沈约《俗说》记："车武子妇，大妒，夜恒出掩袭车。车后呼其妇兄颜熙夜宿，共眠，取一绛裙挂著屏风上。其妇果来，拔刀迳上床，发欲刃床上人。定看，乃是其兄，于是惭羞而退。"车武子即东晋时囊萤读书的车胤。其妻性妒，车胤便与其妻兄长将一条红裙搭在榻边屏风上，其妻果然中计，提刀前来捉奸，没想到与丈夫共眠的却是自己的哥哥，于是惭愧不已。同书中另一妒妇故事为："荀介子为荆州刺史，荀妇大妒，恒在介子斋中，客来便闭屏风。有桓客者，时在中兵参军，来诣荀谘事，谕事已讫，为复作馀语。桓时年少，殊有姿容，荀妇在屏风里，便语桓云：'桓参军，君知作人不？论事已讫，何以不去。'桓狼狈便走。"荀介子之妻整天都要在丈夫的书斋中看守，有客人来找荀介子议事，其妻也不离开，而是坐在屏风后面听。某次一位桓姓英俊将官前来禀报事情，说完主题后还想拉几句家常，屏风后面忽然响起荀介子妻的声音："你到底懂不懂礼数，会不会做人？事情都说完了，为什么还不马上告辞？"桓姓将官大惊失色，狼狈而逃。较比车武子妇时时提防异性接近丈夫，荀介子妻连接近丈夫的同性都要防备，实在令人瞠目结舌。同书中另记："谢万作吴兴郡，其兄安时随至郡中。万眠，常晏起，安清朝便往床前，叩屏风，呼万起。"谢万为东晋"江左风流宰相"、以淝水之战一役与"东山再起"一典闻名于后世的谢安之弟，谢万"才器隽秀，虽器量不及安，而善自炫曜，故早有时誉"。谢万曾与谢安等四十二人同聚兰亭雅集。他善清谈，被阮裕讥讽"新出门户，笃而无礼"。从谢安每天早晨要叩屏风叫谢万起床来看，相较于兄长的严谨自律，谢万着实相差不少。

《晋书·列传第六十·良吏》记："吴隐之字处默，濮阳鄄城人。魏侍中质六世孙也。隐之美姿容，善谈论，博涉文史，以儒雅标名。……寻拜度支尚书、太常，以竹篷为屏风，坐无毡席。"南朝宋檀道鸾《续晋阳秋》记："何无忌母，刘牢之姊也。无忌与宋高祖谋，夜于屏风里制檄文，母潜橙登于屏风上窥之。既知其事，大喜谓曰：'汝能如此，吾仇耻雪矣。'"唐李延寿《南史·列传第十三》记："琨谦恭谨慎，老而不渝，……而俭于财用，设酒不过两碗，辄云'此酒难遇'。盐豉姜蒜之属，并挂屏风，酒浆悉置床下，内外有求，琨手自赋之。"南朝梁吴均《续齐谐记》记："会稽赵文韶……秋夜嘉月，怅然思归，倚门唱《西夜乌飞》，……须臾，女到，年十八九，行步容色可怜，犹将两婢自随，……既明，文韶出，偶至清溪庙歇，神坐上见碗，甚疑；而委悉之屏风后，则琉璃匕在焉，箜篌带缚如故。"

唐欧阳询《艺文类聚·卷六十九》"屏风"条记有诸多相关轶事，如："《京兆旧事》曰：杜陵萧彪，子伯文，为巴郡太守，以父老，归供养，父有客，常立屏风后，自应使命。""《吴录》曰：景帝时，纪亮为尚书令，子骘为中书令，每朝会，诏以御屏风隔其座焉。""周庾信咏屏风诗曰：昨夜鸟声春，惊啼动四邻，今朝梅树下，定有咏花人，流星浮酒泛，粟钿绕杯唇，何劳一片雨，唤作阳台神。又曰：逍遥游桂苑，寂绝想桃源。狭石分花迳，长桥映水门。管声惊百鸟，人衣香一园。定知懂未足，横琴坐树根。又曰：高阁千寻起，长廊四注连。歌声上扇月，舞影入闻弦。涧水绕窗外，山花即眼前。但顾长欢乐，从今一百年。又曰：捣衣明月下，静夜秋风飘。锦石平砧面，莲房接杵腰。急节迎秋韵，新声入手调。寒衣须及早，将寄霍嫖姚。又曰：今朝好风日，园苑足芳菲。竹动蝉争散，莲摇鱼暂飞。面红新著酒，风晚细吹衣。跂石多时望，莲舡始复归。"

由这些故事不难看出，无论是在书斋还是在卧室，甚或在神祠中，屏风都是必不可少的室内家具之一；此外，屏风除了隔断空间，还可以挂置陈放物品。

其后唐宋时，屏风应用更广。无论帝王抑或士大夫，于屏上书写已成日常行为。

《旧唐书·列传第一·后妃上》记："高祖太穆皇后窦氏，京兆始平人。……毅闻之，谓长公主曰：'此女才貌如此，不可妄以许人，当为求贤夫。'乃于门屏画二孔雀，诸公子有求婚者，辄与两箭射之，潜约中目者许之。"后世雀屏一典即出于此。

唐张怀瓘《书断列传·卷三》记："唐太宗贞观十四年，自真草书屏风以示群臣，笔力遒劲为一时之绝。"

《新唐书·列传第二十七》记："虞世南，越州余姚人，……尝命写《列女传》于屏风，于时无本，世南暗疏之，无一字谬。"《旧唐书·本纪第十四　顺宗　宪宗上》记："秋七月乙巳朔，御制《前代君臣事迹》十四篇，书于六扇屏风。是月，出书屏以示宰臣，李藩等表谢之。"《新唐书·列传第七十七》记："李绛字深之，……帝曰：'美哉斯言，朕将书诸绅。'即诏绛与崔群、钱征、韦弘景、白居易等搜次君臣成败五十种，为连屏，张便坐。帝每阅视，顾左右曰：'而等宜作意，勿为如此事。'"

《宋史全文·卷十》记宋英宗事："壬子，改清居殿曰钦明，召直集贤院王广渊书《洪范》于屏，谓广渊曰：'先帝临御四十年，天下承平，得以无为。朕方属多事，岂敢言自逸！故改此殿名。'"

北宋释文莹《玉壶清话》记："太宗尝谓侍臣曰：'朕欲以皇王之道御图，愧无稽古深学。旧有《御览》，但记分门事类，繁碎难检。令谏臣以治乱兴亡急要写置一屏，欲常在目。'""杨侍读徽之，太宗闻其诗名，尽索所著，得数百篇奏御，仍献诗以谢，卒章曰：

'十年牢落今何幸,叨遇君王问姓名。'上和之以赐,谓宰臣曰:'真儒雅之士,操履无玷。'拜礼部侍郎,御选集中十联写于屏。"同书另记:"元泽病中,友人魏道辅泰谒于寝,对榻一巨屏,大书曰'《宋故王先生墓志》:先生名雱字符泽,登第于治平四年,释褐授星子尉,起身事熙宁天子,裁六年,拜天章阁待制,以病废于家'云。后尚有数十言,挂衣于屏角,覆之不能尽见。此亦得谓之达欤?"王雱为王安石长子,少有才名,三十三岁时病故,从其为自己撰写的墓志铭,不难看出其性情中张扬豁达之处。

文士题诗于屏、壁在当时可谓时尚。宋胡仔《苕溪渔隐丛话前集·卷第三十九》记:"……季孙初以右班殿直监饶州酒。王荆公为江东提举刑狱,巡历至饶,案酒务,始至厅事,见屏间有题小诗曰:'呢喃燕子语梁间,底事来惊梦里闲。说与傍人应不解,杖藜携酒看支山。'大称赏之。"

宋蔡绦《西清诗话》记:"蔡文忠公齐擢进士第一,以将作丞倅兖,将母之官,少年锐气,日沉酣,以酒色废务。贤良贾公疏罔居郡中,屡谒不得见,因书一绝于屏间云:'圣君宠厚龙头选,慈母恩深鹤发垂。君宠母恩俱未报,酒如为患悔何追。'文忠见之,亟往泣谢,自是终身不饮酒。""王文穆钦若未第时,寒窘，依幕府家。时章圣以寿王尹开封，一日晚，过其舍。左右不虞王至，亟取纸屏障风。王顾屏间一联'龙带晚烟离洞府，雁拖秋色入衡阳'，大加赏爱，曰：'此语落落有贵气，何人诗也？'对曰：'某门客王钦若。'王遽召之，见其风度。其后信任颇专，致位上相。风云之会，实基于此焉。"

对于无论起居坐卧都不可缺少的屏，诗家词人自然不吝笔墨，题于屏上或者与屏相关的诗作，亦数不胜数，如：

李建勋《寄魏郎中》："碌碌但随群，蒿兰任不分。未尝矜有道，求遇向吾君。逸驾秋寻寺，长歌醉望云。高斋纸屏古，尘暗北山文。"

李商隐《屏风》："六曲连环接翠帷，高楼半夜酒醒时。掩灯遮雾密如此，雨落月明俱不知。"

李商隐《嫦娥》："云母屏风烛影深，长河渐落晓星沉。嫦娥应悔偷灵药，碧海青天夜夜心。"

张泌《浣溪沙》："翡翠屏开绣幄红，谢娥无力晓妆慵，锦帷鸳被宿香浓。微雨小庭春寂寞，燕飞莺语隔帘拢，杏花凝恨倚东风。"

苏轼《蝶恋花》："记得画屏初会遇。好梦惊回，望断高唐路。燕子双飞来又去。纱窗几度春光暮。那日绣帘相见处。低眼佯行，笑整香云缕。敛尽春山羞不语。人前深意难轻诉。"

贺铸《薄幸》："淡妆多态，更的的、频回眄睐。便认得琴心先许，欲绾合欢双带。记画堂、风月逢迎，轻颦浅笑娇无奈。向睡鸭炉边，翔鸳屏里，羞把香罗暗解。"

蔡确《夏日登车盖亭》："纸屏石枕竹方床，手倦抛书午梦长。睡起莞然成独笑，数声渔笛在沧浪。"

宋宗室赵必璩《戏题睡屏（四首）》："一别相如直至今，床头绿绮暗生尘。当年自是文君误，未必琴心解挑人。""点检残枰未了棋，才贪著处转成低。一番输后惺惺了，记取从前当局迷。""翻覆于郎锦筒看，红边墨迹未曾干。宫中怨女今无几，那得新诗到世间。""秋水盈盈娇眼溜，春山淡淡黛眉轻。人间一段真描画，唤起王维写不成。"

此处为题于睡屏上的诗句。睡屏，又称枕屏，卧屏；环卧床而设，可折叠，屏上多绘山水人物。

于屏上题诗不仅风雅，还有提请劝诫，甚至助文士晋升之功效。尽管如此，仍有不少人喜欢其清雅素淡本色者，如唐白居易《素屏谣》曰："当世岂无李阳冰篆文，张旭之笔迹，边鸾之花鸟，张藻之松石，吾不令加一点一画于其上，欲尔保真而全白。"明高濂《遵生八笺·燕闲清赏笺·上卷》记："《长庆集》云：'堂中设木榻四，素屏二，琴一张，儒道佛书各数卷。乐天既来为主，仰观山，俯听泉，旁睨竹树云石，自辰及酉，应接不暇。俄而物诱气随，外适内和。一宿体宁，再宿心恬，三宿后，颓然吟然，不知其然而然。'"这段话同见于明陈继儒《小窗幽记·卷五·集素》中。

除诗赋外，唐传奇中描绘室内外景致的文字里，屏也经常被提及，如唐裴铏《传奇·裴航》篇，秀才裴航对同舟的绝色女子樊夫人心生爱慕，遂"赂侍妾袅烟而求达诗一章"，曰："同为胡越犹怀想，况遇天仙隔锦屏。倘若玉京朝会去，愿随鸾鹤入青云。"同书《昆仑奴》篇，崔生家中的昆仑奴磨勒，夤夜背负崔生偷入相府，与红绡妓相会，并谋划帮助两人出逃，"见妓白生曰：'某家本富，居在朔方。主人拥旄，逼为妓仆。不能自死，尚且偷生。脸虽铅华，心颇郁结。

纵玉箸举馔，金炉泛香，云屏而每进绮罗，绣被而常眠珠翠，皆非所愿，如在桎梏'"。唐袁郊《红线》篇，红线讲述自己受命前往魏博节度使田承嗣盗取金盒，在田承嗣宅中见"时则蜡炬光凝，炉香烬煨，侍人四布，兵器森罗。或头触屏风，鼾而齁者，或手持巾拂，寝而伸者"。

唐段安节《乐府杂录·歌》记："大历中有才人张红红者，本与其父歌于衢路丐食。过将军韦青所居，青于街牖中闻其歌者喉音寥亮，仍有美色，即纳为姬。……青潜令红红于屏风后听之。红红乃以小豆数合，记其节拍。乐工歌罢，青因入问红红如何。云：'已得矣。'青出，绐云：'某有女弟子，久曾歌此，非新曲也。'即令隔屏风歌之，一声不失。乐工大惊异，遂请相见，叹伏不已。"

明冯梦龙《智囊·上智·以简驱繁》记："赵韩王普为相，置二大瓮于坐屏后，凡有人投利害文字，皆置其中，满即焚之于通衢。"被后人称以"半部《论语》治天下"的赵普，以萧规曹随的风格处理政事，或有大智若愚之风。

宋陶毂《清异录·卷上·释族门》"偎红倚翠大师"条记："李煜在国，微行娼家，遇一僧张席，煜遂为不速之客。僧酒令、讴吟、吹弹莫不高了，见煜明俊酝藉，契合相爱重。煜乘醉大书右壁，曰："浅斟低唱，偎红倚翠，大师鸳鸯寺主，传持风流教法。'久之，僧拥妓入屏帷，煜徐步而出，僧、妓竟不知煜为谁也。"僧人流连风月场，且几乎与天子争风吃醋，可谓咄咄怪事。

同书卷下《居室门》"嫭宫"条记："嫭宫，孟蜀高祖晚年作。以画屏七十张，关百纽而斗之，用为寝所。"描述的便是后蜀高祖孟知祥以七十张立画屏围出一个独立空间，用以作为睡房的情景。

宋陈正敏《遁斋闲览》记："张子野郎中以乐章名擅一时。宋子京尚书奇其才，先往见之，遣将命者，谓曰：'尚书欲见"云破月来花弄影"郎中。'子野屏后呼曰：'得非"红杏枝头春意闹"尚书耶？'遂出置酒，尽欢。盖二人所举，皆其警策也。"张先、宋祁均为著名词家，此则轶事自有相见恨晚、惺惺相惜之感。

宋代屏风多见于绘画作品，明清以降，可见传世实物。宋时即有中扇大、边扇小的"八"字形三扇曲屏，明清宫廷在宝座设置时多有沿用。明文震亨《长物志》中对于书斋雅物一一作了规例，其中卷六"屏"条云："屏风之制最古，以大理石镶下座精细者为贵，次则祁阳石，又次则花蕊石；不得旧者，亦须仿旧式为之。若纸糊及围屏、木屏，俱不入品。"屏风底座须为石质；卷三提及"土玛瑙""大理石"均适用，而卷八"椅榻屏架"条则对屏风的数量也做出规定，"仅可置一面"。若真如此，那故作出的大雅或与市井不经意的大俗相同，都远离物本为身外，只当为用的山家本意了。